댕글댕글~

갯벌 한 바퀴

* 각 생물의 학명(전 세계에서 공통으로 쓰이는 생물 이름)은 우리의 국명 바로 밑에 이탤릭체로 표기했습니다.

* 각 생물의 크기, 사는 곳에 관한 정보는 주로 '국립생물자원관(https://www.nibr.go.kr)'의 자료를 따랐습니다.

* 본문의 〈염습지와 펄 갯벌〉에서 큰기러기(56쪽)부터 깝작도요(64쪽)까지 염습지에서 활동하는 새, 개리(65쪽)부터 청다리도요(75쪽)까지 펄 갯벌에서 활동하는 새로 정리하였습니다.

* 새(조류) 정보 가운데 여름깃은 짝짓기 때(번식기) 나타나는 수컷의 깃털을 가리킵니다.

* 국립생물자원관의 표기법에 따라 과 이름에서 '사이시옷'을 쓰지 않았습니다.(예: 망둑엇과 → 망둑어과)

* 다만, 말뚝망둑어는 국립국어원 표기에 따랐습니다.(국립생물자원관에는 '말뚝망둥어'로 표기)

댕글댕글~
갯벌 한 바퀴 _갯벌 유형에 따라 만나는 생물

초판 1쇄 발행일 2025년 2월 21일

글과 사진 심현보·정재흠·이학곤
펴낸이 이원중

펴낸곳 지성사 **출판등록일** 1993년 12월 9일 **등록번호** 제10-916호
주소 (03458) 서울시 은평구 진흥로 68, 2층
전화 (02) 335-5494 **팩스** (02) 335-5496
홈페이지 www.jisungsa.co.kr **이메일** jisungsa@hanmail.net

ⓒ 심현보·정재흠·이학곤, 2025

ISBN 978-89-7889-559-0 (73470)

댕글댕글~

갯벌
한 바퀴

갯벌 유형에 따라 만나는 생물

글과 사진 심현보·정재흠·이학곤

지성사

　우리나라의 갯벌과 갯벌 주변에는 아끼고 소중히 보호해야 할 생물이 많습니다. 갯벌 주변을 포함하여 육지와 바다가 만나는 곳을 해안이라고 합니다. 우리나라는 삼면이 바다로 둘러싸여 있으며, 서해안과 남해안을 중심으로 약 3,350개의 섬이 있습니다. 2023년 국립해양조사원의 조사에 따르면, 육지와 섬 지역의 해안선 길이는 총 1만 5285.4킬로미터로 이는 지구 둘레의 약 38퍼센트에 해당합니다. 이렇게 긴 해안선을 따라 다양한 생물들이 살고 있습니다.

　특히 생태계의 중요성과 우수성이 인정되어 2021년 유네스코(UNESCO: 세계의 교육, 과학, 문화 보급과 교류를 위해 설립된 국제 협력기구)의 자연유산에 등재된 서해안과 남해안의 갯벌을 중심으로 주변의 염습지, 해안 사구, 바위 해안 등의 환경에는 어떤 생물들이 사는지 궁금하지 않나요?

　갯벌 주변에 뿌리를 내린 염생식물, 해안의 사구식물, 바위나 절벽에 사는 식물, 그리고 갯벌에 사는 다양한 생물과 이곳에서 먹이 활동을 하며 자유롭게 날아다니는 여러 종류의 새들은 어떻게 살아가고 있을까요?

　염생식물이나 바위 해안 식물은 바닷물의 영향을 받아 줄기나 잎의 작용으로 염분을 조절합니다. 해안 사구식물은 부족한 수분을 이슬이나 퇴적층 속의 수증기로 해결합니다. 이를 위해 줄기를 길게 뻗어 마디마디에 뿌리를 내리거나 땅속 깊이 뿌리를 내려 수분을 흡수합니다.

　사람들은 모든 갯벌이 질척질척하고 푹푹 빠지는 곳이라고 생각합니다. 그러나 갯벌은 퇴적층의 유형에 따라 펄 갯벌, 모래 갯벌, 펄과 모래가 섞인 혼성 갯벌 그리고 바위 해안 등의 환경으로 나뉘며, 갯벌 유형에 따라 살아가는 생물도 모두 다릅니다. 또한 우리나라의 갯벌은 세계적으로 유명한 와덴해 갯벌보다 2배 이상인 1,000여 종의 갯벌 생물이 사는 것으로 알려져 있습니다.

　우리나라에서 관찰되는 대부분의 이동 철새는 러시아 극동과 알래스카에서 남쪽으로 동아시아와 동남아시아를 거쳐 호주와 뉴질랜드까지 연결되는 동아시아-오스트랄라시아 철새 이동 경로를 따라 이동합니다. 장거리를 이동하는 새들에게 갯벌은 휴식을 취하고 먹이를 얻기 위한 생존에 매우 중요한 장소입니다.

이 책은 독자 여러분이 우리나라 서해안과 남해안의 갯벌에서 체험학습에 유익하도록 갯벌과 그 주변에 사는 다양한 생물(식물 52종, 갯벌 생물 101종, 새 56종)을 소개했습니다.

지역에 따라서 다르지만, 바닷가에 가면 염습지와 펄 갯벌, 혼성 갯벌, 바위 해안, 해안 사구와 모래 갯벌 등을 만납니다. 보통 첫걸음부터 접하는 것은 식물 그리고 갯벌 생물, 마지막으로 새(텃새, 도요·물떼새)일 것입니다. 이 책에서 소개한 해안 식물과 갯벌 생물은 어렵지 않게 만날 수 있을 것입니다. 그러나 새는 철새가 많고, 날아다니는 범위가 매우 넓어서 만나지 못할 수도 있겠지만, 간혹 기대하지 않았던 새를 만나는 행운도 있을 것입니다. 이 책이 우리나라의 서해안과 남해안 바닷가를 방문할 때 여러분에게 필요한 안내자 역할을 하는 자료가 되기를 바랍니다.

최근 들어 생태계와 환경과의 관계에서 갯벌과 갯벌 주변 생물의 연구가 활발히 진행되고 있습니다. 이러한 갯벌과 갯벌 생물은 우리에게 먹거리나 산업 자원을 제공하고 자연정화나 탄소 흡수, 기후 조절 등의 소중한 역할을 하여 그 가치를 인정받고 있습니다.

우리가 갯벌과 갯벌 주변 생물을 탐구하고 아끼며 보호해야 하는 이유입니다.

지은이 일동

갯벌이란?

강물은 육지의 퇴적물을 바다로 운반하는 일을 합니다. 바닷가로 운반된 퇴적물은 썰물 때에는 바다 쪽으로 밀려갔다가 밀물 때에는 육지 쪽으로 밀려오는 왕복운동을 합니다. 이런 운동이 오랜 시간 꾸준하게 이루어지면서 갯벌이 만들어진 것입니다. 바닷물이 밀려오면 바다가 되고, 빠져나가면 평평하게 드러나는 바닷가의 넓은 지역을 갯벌이라고 합니다.

갯벌과 주변 환경 특성은?

갯벌은 유형(성질이나 특징 따위가 공통적인 것끼리 묶은 하나의 틀)에 따라 펄 갯벌, 모래 갯벌, 모래와 펄이 섞인 혼성 갯벌로 나누어집니다. 그리고 갯벌 주변의 환경은 지역에 따라 다르지만, 일반적으로 펄 갯벌과 육지 사이에 염습지, 모래 갯벌과 육지 사이에 해안 사구, 육지와 바다의 경계면에 바위 해안이 발달해 있습니다.

● 염습지와 펄 갯벌

해안의 염습지는 주기적으로 밀물과 썰물의 영향을 받는 습지로 육지와 펄 갯벌 사이에 발달합니다. 하천에서 운반된 퇴적물과, 밀물과 썰물의 작용으로 쌓인 퇴적물이 갯벌 윗부분에 형성됩니다. 밀물 때 바닷물에 잠기는 횟수가 적은 윗부분으로 갈수록 식물들이 뿌리를 내려 염습지 식물

🌿 염습지와 펄 갯벌(강화도 등막 칠면초 군락)

이 자라는 지역이 크게 발달합니다. 이후 시간이 지나면서 퇴적층의 지대가 높아져 바닷물에 잠기는 횟수가 점차 줄어들면서 나중에는 육지로 변합니다.

염습지는 육지와 바다의 물리적·화학적·생물학적 요인이 복잡하게 영향을 미치고 있으며, 시간적·공간적 환경 변화가 매우 크게 나타나는 곳이기도 합니다. 장마철이나 가뭄 때는 염분 농도의 변화가 심하고, 여름과 겨울에는 햇빛과 온도 차도 심합니다. 이처럼 염습지는 환경 변화가 매우 심한 곳이라 다양한 생물이 살아가기에 알맞은 환경이 아닙니다. 특히 바닷물의 영향을 끊임없이 받기 때문에 토양의 염분 농도가 높아 몇 종류의 식물만이 무리를 이루어 사는 것이 특징입니다.

염습지에는 식물체를 이루는 세포 안에 염분을 축적하여 바닷물에 잘 견디는 식물이 살아가고 있습니다. 바로 염생식물입니다. 염생식물은 염분 농도가 높은 토양에 잘 적응하여 잎과 줄기가 통통한 것이 특징이며, 식물체에 염분을 제거하는 기능을 가지고 있기도 합니다. 또한 염생식물은 줄기나 잎의 표피가 두텁고 물이 잘 스며들지 않게 발달하거나 잔털이 아주 촘촘히 덮여 있어 바닷물의 염분에서 스스로를 보호하는 특징이 있습니다.

우리나라 해안의 대표적인 염생식물은 나문재, 해홍나물, 칠면초, 갯길경, 갯개미취, 애기비쑥 등입니다. 이와 같은 염생식물은 미세한 펄 속으로 뿌리를 뻗어가면서 밀물과 썰물에 따른 퇴적층의 침식 활동을 억제합니다. 또 줄기나 잎은 바닷물이 흐르는 속도를 감소시키기도 합니다. 염생식물은 여러해살이(다년생)도 있지만 주로 한해살이(일년생) 식물이며 해마다 생활사를 반복하면서 염습지 퇴적층 표면에 쌓여 갯벌에 사는 생물에게 서식처가 되어 주고 갯벌 생태계를 이루는 기반이 됩니다.

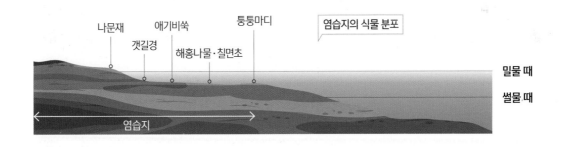

염습지에 사는 염생식물은 게나 고둥, 갯지렁이 등의 생물이 새들에게 잡아먹히지 않게 숨을 수 있는 공간과 무더운 여름날 그늘을 드리워 생물들이 더위를 피하기에 좋은 환경을 제공합니다. 겨울에는 찬 바람을 막아 주는 역할을 하기도 합니다. 반대로 생물이 뚫어 놓은 구멍은 염생식물의 뿌리에 신선한 공기를 제공하며, 생물의 배설물은 식물들이 자라는 데 거름으로 쓰이기도 합니다.

펄 갯벌은 보통 푹푹 빠지는 갯벌로, 규모가 제법 큰 갯골(갯고랑)이 형성되어 있는 것이 특징입니다. 밀물과 썰물 때에 갯골은 생물의 이동통로가 됩니다. 또한 작은 어선이 바다를 드나드는 통로로 이용되기도 합니다. 혼성 갯벌에서도 간혹 작은 갯골을 볼 수 있지만, 모래 갯벌에서는 갯골을 거의 볼 수 없습니다. 이것은 갯벌을 이루고 있는 퇴적층의 성질 때문입니다.

펄 갯벌은 0.0625밀리미터 이하의 매우 작은 퇴적물 알갱이가 쌓여서 만들어졌습니다. 펄 갯벌은 바다가 육지 쪽으로 들어와 육지가 바다를 감싼 지역의 바닷물 흐름이 느린 곳에 주로 형성됩니다. 펄 갯벌의 알갱이는 미술 시간에 사용하는 찰흙과 같이 매우 곱고 작으며 서로 잘 달라붙는 성질이 있어 생물이 모래 갯벌이나 혼성 갯벌보다 퇴적층 깊숙이 집을 짓고 살아가기에 좋습니다. 그러나 물이 잘 빠지지 않아서 퇴적층 속에 신선한 바닷물이나 공기가 순환되는 시간이 오래 걸리는 단점도 있습니다.

갯벌 퇴적층의 윗부분은 노란색이나 황갈색입니다. 중간 부분은 회색이며, 아랫부분은 검은색입니다. 노란색과 황갈색 층에는 산소가 필요한 박테리아(단세포생물)들이 살아가며, 건강한 구역입니다. 검은색 층은 냄새가 심하게 나며 산소 없이도 살 수 있는 박테리아들이 살아가는 곳으로 흔히 오염된 구역입니다. 회색 층은 퇴적층 표면과 퇴적층 속의 중간적인 특성을 보여 주는 구역입니다.

이러한 펄 갯벌의 퇴적층 속에 게나 갯지렁이, 조개 등 생물들이 뚫어 놓은 구멍 속으로 신선한 바닷물과 산소가 공급되면 노란색과 황갈색 층의 범위가 확대됩니다. 펄 갯벌에 생물이 살지 않거나, 생물이 구멍을 뚫지 않는다면 펄 갯벌은 매우 심하게 오염될 것입니다.

펄 퇴적층 속의 예: 수많은 갯벌 생물이 파 놓은 굴속으로 산소가 들어가면 갯벌이 깨끗해져요.(두토막눈썹참갯지렁이의 'U' 자형 굴)

밀물과 썰물이 오랜 시간 지속되면 펄 갯벌의 약한 퇴적층에 물길이 나면서 갯골이 만들어져요.

우리나라 펄 갯벌에서 사는 대표적인 게는 칠게입니다. 칠게는 퇴적층 표면에서 보통 20~30센티미터 깊이까지 구멍을 팝니다. 구멍은 생활 공간이나 숨는 공간 등 몇 곳이 여러 갈래로 연결되어 있습니다.

바닷가에 사는 새들은 괭이갈매기와 같은 텃새도 있지만, 두루미, 저어새, 도요·물떼새류와 같이 이동 철새(여름 철새, 겨울 철새, 통과 철새)도 있습니다. 갯벌에 사는 새는 부리나 다리의 길이, 물갈퀴가 있고 없음, 먹이, 도래 시기 등에 따라 갯벌 유형별로 사는 곳을 나눌 수 있지만, 새들이 사는 공간을 바꾸어 자유롭게 이동하기 때문에 명확히 구별하기란 매우 어렵습니다. 우리 갯벌을 찾는 새들의 신체 특징, 먹이, 먹이 사냥 과정, 갯벌에서 적응하는 과정, 밀물과 썰물과의 관계 등 새들에게 미치는 영향이 갯벌의 유형과 어떤 관련성이 있는지를 연구하는 것이 필요합니다.

염습지에는 여러 종의 새들이 살고 있습니다. 갈매기류는 염습지나 해안 지역에서 많이 발견됩니다. 주로 물 위에서 사냥하며, 물고기나 갑각류 등을 먹습니다. 목과 다리가 긴 백로류는 물가나 갈대가 덮인 곳에서 먹이를 찾습니다. 흰뺨검둥오리는 식물의 뿌리, 갑각류, 곤충 등을 먹고 살아갑니다.

새들은 갯지렁이나 게 등의 생물을 잡아먹으려고 갯벌에 모입니다. 새들의 부리는 종류에 따라 길이가 머리 크기의 몇 배나 되기도 하고, 겨우 몇 센티미터로 부리가 짧은 새들도 있습니다. 또한 위아래로 구부러졌거나 넓적한 부리 등 생김새가 매우 다양합니다.

부리의 생김새가 저마다 다른 것과 먹이를 사냥하는 것에는 매우 깊은 관계가 있습니다. 펄 갯벌은 생물들이 뚫어 놓은 구멍이 보존되어 있기 때문에 부리 길이가 40~100밀리미터인 긴 도요류 등이 주로 이용합니다. 가늘고 길게 휘어진 도요류의 부리는 펄 갯벌 구멍에 사는 갯지렁이나 게를 사냥하기에 유리합니다. 대부분의 도요류는 봄과 가을에 갯벌에서 먹이 활동을 합니다.

마도요나 알락꼬리마도요처럼 부리가 크고 아래로 길게 휘어진 새들은 갯벌이나 얕은 물가에 부리를 찔러 넣어 갯벌 속에서 갯지렁이와 게를 잡습니다. 잡은 게는 부리로 물고 다니면서 흔들어 다리를 떼어 내고 먹습니다.

도요류나 물떼새류 외에 펄 갯벌이나 하구, 해안가의 낮고 습한 지역을 찾는 겨울 철새는 두루미류, 고니류, 기러기류, 오리류, 저어새류 등이 있습니다. 물갈퀴가 있는 고니류, 오리류, 기러기류는 밀물 때 주로 호수나 농경지 등에서 쉬거나 먹이 활동을 합니다. 썰물 때는 갯벌에서도 먹이 활동을 합니다.

물갈퀴가 없고 다리가 긴 두루미, 저어새 등은 주로 썰물 때 갯벌에서 먹이 활동을 합니다. 부리가 길고 주걱처럼 납작한 저어새는 기다란 부리를 물속에 넣고 좌우로 휘저으면서 작은 물고기나 새우, 게 등을 사냥합니다. 그리고 바닷가 주변의 양식장이나 논, 물가에서도 미꾸라지, 개구리 등을 잡아먹습니다. 이러한 저어새는 썰물 때 바닷물이 고여 있지 않은 모래 갯벌에서는 거의 볼 수 없습니다.

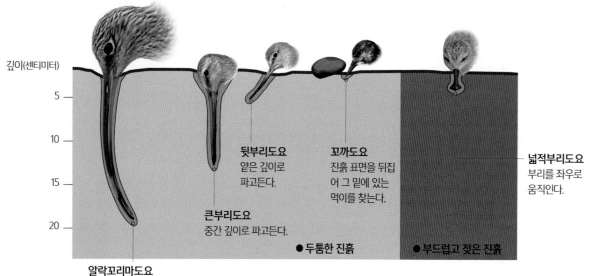

깊이(센티미터)

5

10

15

20

뒷부리도요
얕은 깊이로
파고든다.

꼬까도요
진흙 표면을 뒤집
어 그 밑에 있는
먹이를 찾는다.

넓적부리도요
부리를 좌우로
움직인다.

큰부리도요
중간 깊이로 파고든다.

● 두툼한 진흙

● 부드럽고 젖은 진흙

알락꼬리마도요
깊은 곳까지 파고들어 게나 갯지렁이 따위를 잡는다.

🗒 도요류의 부리 모양에 따른 먹이 사냥

● 혼성 갯벌

갯벌은 펄로 이루어지거나 모래로 이루어지기도 하고, 펄과 모래 그리고 자갈이 섞여 있기도 합
니다. 혼성 갯벌은 펄과 모래, 자갈 등이 섞여 있는 퇴적물 알갱이가 각각 90퍼센트 미만으로 구성
되어 있습니다.

혼성 갯벌은 펄 갯벌과 모래 갯벌의 중간 지대인 갯벌 윗부분과 아랫부분 사이의 중간 부분에
형성됩니다. 물론 지역에 따라 갯벌 윗부분부터 그 구역 일대가 혼성 갯벌인 경우도 있습니다. 그
런데 갯벌에 나가 보면 어떤 구역은 지난날에는 모래 퇴적물이 우세하다가 시간이 지난 뒤에 펄
퇴적물이 우세하기도 합니다. 이렇게 퇴적층을 이루고 있는 퇴적물은 바닷물의 흐름에 따라서 변
합니다. 지역에 따라 갯벌의 유형이 수시로 변하여 경계선을 정확히 나누기 어려운 곳도 있습니다.

펄과 모래로 이루어진 혼성 갯벌 퇴적층은 신선한 바닷물과 공기를 접하는 데에 펄 갯벌의 퇴
적층보다 유리합니다. 그리고 생물들이 집을 짓고 살아가기에는 모래보다 퇴적층이 안정되어 모래
갯벌의 퇴적층보다 좋은 환경입니다. 다시 말해, 혼성 갯벌은 퇴적층에 일정량의 물기를 머금고 있
어서 바닷물의 온도 변화와 염분 농도 변화가 크지 않아 펄 갯벌보다 생활하기에 좋은 장점이 있
습니다. 반면, 펄 갯벌처럼 집을 튼튼하게 짓기에는 어렵지만, 모래 갯벌보다는 퇴적층이 안정적입
니다. 퇴적층의 변화에 따라 혼성 갯벌에서는 간혹 모래 갯벌이나 펄 갯벌에 사는 생물이 발견되
기도 합니다.

썰물 때 갯벌을 관찰하다 보면 갯벌 표면에서 분수처럼 물이 솟구쳐 올라오는 것을 볼 수 있습
니다. 마치 하늘로 물총을 쏘는 것처럼 보입니다. 이러한 행동을 하는 주인공은 바지락 등 조개류

🌿 모래와 펄이 섞여 있는 혼성 갯벌에는 펄 갯벌과 비교해서 작은 규모의 갯골이 형성되어요.

입니다. 조개류의 먹이 활동과 매우 밀접한 행동으로 바닷물을 빨아들여 바닷물 속의 먹이를 먹고 다시 바닷물을 내뱉는 과정에서 이러한 현상을 볼 수 있습니다.

바지락은 육질이 부드럽고 쫄깃하며 국물 맛이 좋아서 우리 식탁에 오르는 조개 중 으뜸입니다. 사람들은 갯벌에 나가면 어디서든지 바지락을 보고 잡을 수 있다고 생각합니다. 그러나 펄 갯벌에서는 바지락을 볼 수 없습니다. 썰물이 되면 퇴적층 속에 머금고 있는 바닷물이 거의 없어서 먹이 활동을 할 수 없기 때문입니다.

밀물과 썰물은 새가 사는 환경에 크게 영향을 미치는 요소 중 하나입니다. 밀물 때가 되면 해안에 망둑어, 숭어 등의 물고기나 게, 새우 같은 갑각류가 들어오고, 갯벌에 사는 생물은 구멍에 바닷물이 차기 선에 구멍 속으로 숨거나 물이 차면 밖으로 나오기도 합니다. 이때 새들은 물가에서 먹이를 찾거나 수면 위를 이동하며 먹이 사냥을 합니다. 반대로 썰물 때에는 재빠르게 움직여 갯벌 위에서 활동하는 생물을 잡아먹거나 생물들의 굴속에 부리를 넣어 먹이 사냥을 합니다.

부리 길이가 30~80밀리미터인 도요류와 물떼새류는 보통 혼성 갯벌에서 활동합니다. 썰물 때 바닷물이 얕게 고여 있는 곳에서 딱총새우류, 망둑어류의 물고기와 작은 조개 등을 잡아먹고, 물이 완전히 빠지면 천천히 걸으면서 부리를 갯벌에 찔러 그 속에 숨어 있는 갯지렁이 등을 잡아먹습니다. 또한 썰물 때나 밀물 때 갯벌 밖으로 나와 있는 게를 사냥하려고 빠른 속도로 뛰어다니는 모습을 자주 볼 수 있습니다.

주로 해안가 습지나 하구, 갯벌을 찾는 봄·가을의 통과 철새(나그네새)는 중부리도요, 흑꼬리도요, 청다리도요, 붉은발도요, 송곳부리도요, 메추라기도요, 검은가슴물떼새 등입니다. 도요류 가운데 가장 흔한 민물도요는 부리 끝이 아래로 조금 휘어져 있어 갯벌을 잘 파고, 바닥을 콕콕 찍어 가며 조개나 갯지렁이를 잡아먹습니다. 모래 갯벌에서도 자주 관찰됩니다.

● 바위 해안

파도가 철썩이며 새들이 날아다니는 바위 해안가 풍경은 멋지게 보입니다. 바위 해안은 단위 면적당 지구상의 어느 곳과 비교해도 뒤지지 않을 정도로 좁은 공간에서 많은 생물이 살아가고 있습니다. 이곳은 지각변동과 풍화, 침식 등의 작용으로 바위틈이나 구멍 등에 흙이 쌓여 식물이 자랄 수 있는 환경이 만들어집니다. 바위의 가파른 절벽에는 해국, 대나물 등이 자랍니다. 바위틈의 작은 공간에는 그늘을 따라 도깨비쇠고비가 자라고, 햇빛이 잘 비치는 양지에는 제주찔레 등이 자랍니다. 또한 바닷가의 크고 작은 바위틈에서는 갯까치수염, 돌채송화, 땅채송화, 섬기린초, 갯기름나물과 같은 식물이 자랍니다. 특히 화산섬 제주도의 해안 현무암 사이에서는 암대극, 갯강활 등과 같은 식물을 볼 수 있습니다.

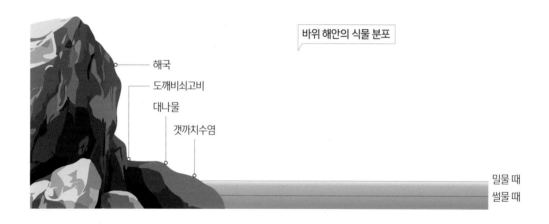

바위 해안의 식물 분포

해국
도깨비쇠고비
대나물
갯까치수염

밀물 때
썰물 때

바위 해안의 식물들은 언제나 바다 안개나 거센 파도의 물보라 등 바닷물의 영향을 받으며 살고 있습니다. 그러나 육지의 식물과는 달리 일정하게 수분을 공급받지 못하고 온도 변화도 심하게 겪는 편입니다. 그래서 염생식물처럼 줄기나 잎이 바닷물의 염분에서 스스로를 보호할 수 있도록 발달했습니다.

바위의 좁은 공간에서는 따개비, 거북손, 담치, 총알고둥 등과 같은 생물이 빽빽하게 모여 삽니다. 갯강구는 무리를 지어 빠른 속도로 이동하고, 바위틈이나 크고 작은 돌 밑에는 게들이 숨어 있습니다. 그러나 바위 해안은 생물들이 살아가기에 매우 힘든 장소입니다. 파도, 밀물과 썰물, 온도, 염분 농도 등은 생물들이 살아가는 데 매우 큰 영향을 주는 조건입니다.

생물들은 거친 파도가 몰아치면 바위에서 떨어지지 않게 붙어 있어야 하는 어려움이 있습니다.

🌿 밀물 때는 바닷물에 잠겨 있다가 썰물 때 드러난 바위나 땅의 움푹 파인 웅덩이에 바닷물이 고여요. '조수 웅덩이'라고 하지요.

바닷물에 잠기지 않는 바위의 높은 곳에서는 파도가 일으키는 물보라만으로도 생물들이 살아갑니다. 파도로 인해 생기는 거품은 공기와 섞이면서 바닷물 속의 생물들에게 필요한 산소를 공급하는 데 도움을 줍니다. 바닷물의 흐름은 플랑크톤뿐 아니라 생물의 어린 종을 여러 곳으로 흩어지게 합니다.

밀물이 되면 바위에 붙어사는 따개비, 거북손 등은 갈퀴 모양의 신체 기관(만각)을 이용하여 바닷물 속의 플랑크톤을 잡아먹고 살아갑니다. 썰물이 되면 밖으로 드러난 바위가 여름철에는 장시간 햇빛을 받아서 뜨거워지고, 겨울철에는 매서운 추위로 얼어붙는 등 계절에 따라 온도 변화를 매우 심하게 겪습니다. 뜨거운 여름철에는 바닷물이 증발하여 보통 때보다 더 짜집니다. 장마철 폭우에는 민물이 흘러들어 바닷물이 보통 때보다 더 싱거워집니다.

바위 해안에서 생물이 잘 살아가는 이유는 먹이량이 풍부하고 공기가 신선하며, 갈라진 틈으로 숨을 공간이 있고, 조수 웅덩이 등 환경이 다양하기 때문입니다. 이러한 바위 해안은 생물들의 은신처이자 먹이를 얻을 수 있는 공간, 활동 공간 등으로 이용됩니다.

바위 구멍이나 해안선의 절벽이 있는 바위 해안은 새들이 둥지를 틀고 새끼를 키우기에 안전한 보금자리입니다. 또한 갯벌과 육지 사이의 바위 해안에서는 새들이 물을 마시고 먹이를 찾기도 합니다. 새들은 파도가 만들어 낸 바위의 작은 구멍, 썰물 때의 웅덩이 그리고 바위 사이에서 살고 있는 생물과 작은 물고기들을 사냥합니다.

육지와 바다의 경계면에 있는 바위 해안 외에도 사람들의 접근이 쉽지 않은 섬 지역의 바위나 갯벌 한가운데의 바위는 괭이갈매기, 저어새, 가마우지 등이 새끼를 낳아 기르는 곳이기도 합니다.

바위 해안이나 바위섬, 자갈 해안 등을 이용하는 봄과 가을의 대표적인 나그네새는 노랑발도요, 그리고 바위가 있는 해안가의 텃새로는 바다직박구리 등이 있습니다.

● 해안 사구와 모래 갯벌

강이나 하천을 통해 바다로 흘러 들어온 모래나 바다 바닥에 쌓여 있던 모래는 파도의 작용으로 바닷가에 쌓입니다. 바닷가에 쌓인 모래가 강한 바닷바람을 타고 육지로 날아와 쌓인 곳이 해안 사구입니다. 해안 사구가 형성되려면 많은 모래가 끊임없이 공급되어야 하고 해안이나 갯벌의 면적이 넓어야 합니다.

아프리카나 중동 국가를 배경으로 한 영화에서 모래가 쌓인 엄청나게 큰 사막을 본 적이 있나요? 영화에서 보는 사막보다 규모는 작지만, 우리나라 서해안 바닷가에도 모래 갯벌과 함께 해안 사구가 잘 형성되어 있습니다. 그런데 최근 들어 해수욕장 등으로 개발하려고 상가, 음식점, 숙박 업소가 들어서고 있습니다. 또한 해안선을 따라 방파제를 쌓거나 도로를 내면서 점점 해안 사구의 모습을 잃어 가고 있어 안타깝기 짝이 없습니다.

해안 사구는 강한 바닷바람과 햇빛, 높은 염분 그리고 부족한 수분과 함께 바람에 의해 끊임없이 움직이는 모래 알갱이로 독특한 자연환경을 이루고 있습니다. 그러나 여름철을 제외하고는 사람들의 간섭을 많이 받지 않기 때문에 생물들이 살아가는 데 유리한 점도 있습니다.

해안 사구의 식물은 퇴적층이 모래로 이루어져 있어 수분이 매우 부족합니다. 그러나 밤에 지표면에서 이슬을 흡수하고 퇴적층 속에서 올라오는 수증기를 흡수하면서 수분을 공급받습니다. 이처럼 수분이 충분하지 못하고 퇴적층이 불안정한 환경이라 사구식물은 마디마디 뿌리를 내려 길게 뻗어 자라거나 땅속 깊이 뿌리를 내려 몸을 지탱하고 수분 흡수를 최대로 합니다. 대표적인 사구식물로는 해당화, 순비기나무와 같은 나무 그리고 모래지치, 갯메꽃, 갯완두, 갯방풍, 통보리 사초, 좀보리사초 등 해안 사구가 아니면 볼 수 없는 한해살이풀이나 여러해살이풀이 넓게 무리지어 자라고 있습니다.

모래 갯벌은 육지인 해안 사구와 바다 사이에 있습니다. 푹푹 빠지는 펄 갯벌과 비교하여 모래 갯벌은 발이 빠지지 않아서 사람들이 활동하기에 좋습니다. 썰물 때 모래 갯벌의 풍경은 마치 육지에서 볼 수 있는 밭고랑이 넓게 펼쳐진 것처럼 보입니다. 이렇게 밭고랑처럼 보이는 퇴적 환경은 모래와 바닷물의 흐름 때문에 생깁니다.

모래 갯벌은 펄 갯벌과 반대로 지형이 직선에 가깝게 형성되어 있고, 바닷물의 흐름이 빠른 곳에서 주로 발달합니다. 해안선을 따라 모래가 퇴적된 지역이 모래 갯벌입니다. 해안선 주변의 퇴적

🌿 해안 사구는 바닷가에 쌓인 모래가 강한 바닷바람을 타고 육지로 날아와 언덕처럼 쌓인 곳이에요.

층은 밀물과 썰물의 영향에 따라 수시로 변하지만, 밀물과 썰물의 차가 작은 해안에서 모래 갯벌이 잘 발달합니다. 밀물과 썰물의 차가 크면 모래가 먼바다로 휩쓸려 내려가기 때문에 모래 갯벌이 발달하기가 쉽지 않습니다.

모래 갯벌에서는 생물들이 구멍을 뚫어 집을 짓고 살아가는 것을 거의 볼 수 없습니다. 모래는 펄처럼 서로 달라붙는 성질이 약해서 생물이 집을 짓거나 구멍을 뚫어도 바닷물에 쉽게 부서지기 때문입니다. 그러나 육지와 가장 가까운 갯벌 윗부분에 사는 엽낭게나 달랑게는 구멍을 뚫고 살아가고 있습니다. 육지와 가까운 지역은 밀물 때 바닷물의 영향을 받는 시간이 가장 짧고, 썰물 때 퇴적층이 드러나는 시간이 가장 길기 때문입니다.

모래 알갱이의 크기, 퇴적층의 경사(기울기), 파도 등이 모래 갯벌 환경에서 중요한 요인입니다. 모래 알갱이의 크기는 생물의 분포, 굴 파기, 퇴적층 속의 수분 함유량 유지에 중요합니다. 모래 갯벌의 퇴적층인 0.06~0.25밀리미터 이하의 미세한 모래는 썰물 때에도 일정량의 수분을 머금고 있어서 생물이 모래 속으로 파고들기가 쉽습니다. 0.5~2밀리미터의 굵은 모래나 자갈은 썰물 때 물이 빠르게 빠져서 생물이 굴 파기가 힘듭니다. 퇴적층의 경사에 따라 모래 알갱이의 크기와 파도의 상호작용이 이루어집니다. 세기가 약한 파도가 작용하는 곳은 미세한 모래 운동이 일어나고, 거친 파도가 작용하는 곳은 굵은 모래나 자갈의 활동이 활발합니다.

모래 갯벌의 퇴적층은 파도의 영향을 많이 받는 매우 불안정한 환경입니다. 그러나 온도나 염분 변화에는 완충제 구실을 하는 장점이 있습니다. 펄 갯벌의 퇴적층과 비교하여 모래 알갱이 사이사이의 공간이 넓어서 모래 알갱이 사이에 바닷물을 머금고 있습니다. 그래서 썰물 때도 퇴적층 표층에서 몇 센티미터 아래는 주변 바닷물의 온도와 비슷합니다. 또한 모래 알갱이들 사이에 머금고 있는 바닷물은 육지의 물보다 밀도가 높아서 육지의 물이 모래 갯벌의 표층을 덮을지라도 퇴적층 표층 10~15센티미터 아래는 염분 농도의 변화가 거의 없습니다.

🌿 바닷물이 들어왔다 나갔다를 반복하면서 썰물 때 모래 갯벌에 형성된 밭고랑 모양의 퇴적층이에요.

모래 갯벌은 펄 갯벌과는 달리 모래 알갱이와 알갱이 사이의 공간이 넓어서 신선한 바닷물과 공기의 순환이 빠릅니다. 그래서 모래 갯벌은 퇴적층 속 깊이까지도 퇴적층 표면과 같은 노란색이나 황갈색이 나타나는 범위가 넓습니다.

이런 모래 갯벌의 얕은 물 속에는 육지에서 자라는 식물처럼 꽃이 피고 열매를 맺는 식물이 살고 있습니다. 거머리말, 애기거머리말 등은 여러해살이 식물로 얕은 모래 갯벌이나 물속 바위가 있는 곳에서 살고 있습니다. 이러한 식물들은 다른 생물이 깃들여 살아가는 생활 공간이 되고, 물고기가 알을 낳고 성장할 때까지 피난처, 은신처가 되는 중요한 역할을 합니다.

물떼새류는 부리의 길이가 보통 10~30밀리미터에 가늘고 뾰족하며 곧은 것이 특징입니다. 그래서 모래 갯벌 표면 가까이에 있는 모래 속의 작은 조개, 지렁이 등의 생물을 잡아먹습니다. 또한 갯벌뿐만 아니라 근처 해안가를 오가며 곤충이나 식물 열매 등을 먹고 삽니다.

🌿 물떼새의 부리 모양에 따른 먹이 사냥

검은머리물떼새　　왕눈물떼새　　흰물떼새　　흰목물떼새　　꼬마물떼새

물떼새류도 도요류와 마찬가지로 주로 여름 철새이거나 나그네 새이기 때문에 갯벌은 먼 거리를 이동할 때 거쳐가는 곳이나 휴식 처로서 매우 중요한 역할을 합니다.

모래 갯벌에서 주로 서식하는 새들은 부드러운 모래를 이용하여 둥지를 만들고 알을 낳습니다. 알의 색깔도 모래 색깔과 비슷하여 천적으로부터 알을 보호하기도 합니다. 갯벌에서 관찰되는 도요류 와 물떼새류를 비롯한 여러 새들은 배가 하얗고 등은 어둡고 짙은 색깔을 띠면서 스스로를 보호합니다.

흰물떼새는 모래밭이나 모래 갯벌에 사는 텃새입니다. 해안가의 모래밭을 주로 찾는 대표적인 여름 철새는 꼬마물떼새입니다. 개 꿩, 세가락도요 등은 봄·가을의 나그네새로 모래 갯벌, 모래땅을 찾는 대표적인 새입니다.

위: 흰목물떼새 알, 아래: 검은머리물떼새 알

지금까지 갯벌의 유형에 따라 활동하는 도요류, 물떼새류와 겨울 철새들을 살펴보았습니다. 도요류와 물떼새류는 물갈퀴가 없어서 얕은 물에서 먹이 활동을 하지만, 갯벌은 먹이 활동에 절대적으로 영향을 주는 장소입니다. 예를 들어 알락꼬리마도요는 약 10분 동안 칠게 4마리를 사냥한다고 합니다. 갯벌의 모든 새가 특정 시 기에 한 장소에서 칠게만을 사냥한다면 그 구역의 칠게는 모두 사라질 위험에 놓이게 될 것입니다.

그러나 새들은 신체적 특성(부리나 다리의 길이, 물갈퀴가 있고 없음 등)과 갯벌의 환경, 계절 등 여러 요인에 따라 먹이를 사냥하는 장소가 갯벌의 유형마다 다릅니다. 또 같은 갯벌에서도 갯벌의 윗부 분, 중간 부분, 아랫부분으로 나뉘는 등 먹이를 사냥하는 시기와 방식이 다릅니다. 결국 새들도 먹 이 사냥에 장소와 시간을 달리하면서 먹이를 나누며 생활합니다.

그러므로 갯벌의 유형별로 새들의 먹이, 쉬는 장소의 변화, 밀물과 썰물의 영향, 갯벌에 적응하는 신체 특징 등 구체적인 생태 연구가 더욱 필요합니다. 새들의 생태 특징과 갯벌과의 관계를 꾸준히 연구하는 것도 우리의 귀중한 갯벌, 자연유산을 보호하는 길 중의 하나입니다.

해안 사구와 모래 갯벌

가는갯능쟁이 (명아주과)

Atriplex gmelini

높이: 30~70cm
관찰 지역: 인천(소래, 강화도, 석모도, 주문도, 아차도, 영흥도, 덕적도, 무의도, 백령도), 경기(시흥, 대부도, 화성), 충남(태안, 서천), 전남(신안 압해도, 순천), 경북(울릉도), 제주(표선)

바닷가에 자라는 명아주라는 뜻에서 지은 이름이에요. 갯벌의 염습지나 모래가 섞여 있는 땅에서 자라요. 줄기가 곧바로 위로 자라며, 잎은 길고 가장자리가 밋밋하게 생겼어요. 잎 뒤쪽에 작은 소금 가루가 붙어 있는 것을 볼 수 있어요. 7~8월에 연한 초록색 꽃이 피며, 삼각형 열매가 맺히는 것이 특징이에요.

열매

잎 뒷면

퉁퉁마디 (명아주과)

Salicornia europaea

높이: 10~30cm
관찰 지역: 인천(소래, 영종도, 영흥도, 무의도), 경기(시흥, 화성), 충남(태안, 당진, 서산, 보령), 전남(신안, 영광, 진도), 경북(울릉도)

줄기에 물을 저장하여 모양이 퉁퉁해서 지은 이름이에요. 바닷가 갯벌의 염습지에 자라며, 특히 소금기가 많은 염전 주변에서 잘 자라요. 처음에는 녹색이지만 차츰 붉은색으로 변해요. 마디가 많이 생기며, 몸에 물을 많이 끌어들여 퉁퉁해 보여요. 꽃은 6~9월에 마디 사이의 오목한 곳에 아주 작게 피어요. '함초'라는 이름으로 불리며 먹기도 해요.

꽃

나문재 (명아주과)

Suaeda glauca

높이: 10~30cm
관찰 지역: 인천(소래, 강화도, 교동도, 석모도, 볼음도, 장봉도, 신도, 무의도, 덕적도, 백령도), 경기(시흥, 대부도, 화성), 충남(보령, 태안, 서천, 홍성), 전북(김제), 전남(영광, 강진, 신안 증도, 압해도), 경남(순천), 경북(울릉도), 제주(표선)

날마다 같은 나물만 먹어서 맛이 없고 싫증이 나서 밥상에 남아 있는 채소인 '남은채'에서 비롯된 이름이라고 하지요. 갯벌의 염습지에 자라며 제방(둑)까지 자라기도 해요. 잎이 많이 매달리는데 처음에는 녹색이지만, 차츰 아래쪽부터 붉은색으로 변해요. 아주 작은 꽃이 8~9월에 피며, 별 모양의 열매가 달리는 것이 특징이에요. 나물로 무쳐서 먹기도 해요.

열매

칠면초 (명아주과)

Suaeda japonica

높이: 10~30cm
관찰 지역: 인천(영종도, 강화도, 영흥도, 신도, 시도), 경기(김포, 화성), 충남(서천, 보령), 전북(고창, 김제, 부안), 전남(신안, 영광, 순천, 보성), 경북(울릉도)

초록색에서 붉은색으로 변하는 모습이 칠면조라는 새와 같다고 해서 붙인 이름이에요. 갯벌의 염습지에 자라며 해안의 가장 바깥쪽까지 자라요. 잎과 줄기가 처음에는 녹색이지만 차츰 붉은색으로 변해요. 8~9월에 잎겨드랑이에 아주 작은 꽃이 피어요. 줄기가 땅에서부터 올라와 중간쯤부터 줄기가 갈라지는 것이 다른 식물과 구별되는 특징이에요. 잎이 떨어진 흔적이 남지 않아서 매끈하며, 잎끝이 조금 둥글지요.

꽃

열매

기수초 (명아주과)

Suaeda malacosperma

높이: 20~30cm
관찰 지역: 인천(강화도, 영흥도, 무의도, 신도), 경기(대부도, 화성), 충남(서천), 전남(보성)

칠면초와 모양이 비슷하며, 육지에서부터 물이 계속 공급되는 기수 지역에서 자란다고 하여 지은 이름이에요. 잎과 줄기가 어릴 때는 초록색이지만 차츰 붉은색으로 변해요. 9월에 아주 작은 꽃이 피며, 별 모양의 열매가 달려요. 잎이 길고 뾰족하지만 중간 부분을 잘라서 보면 납작한 삼각형인 것이 특징이에요.

열매

해홍나물 (명아주과)

Suaeda maritima

높이: 20～30cm
관찰 지역: 인천(소래, 강화도, 백령도), 경기(시흥, 군자, 대부도), 전북(김제), 전남(신안, 증도, 진도)

갯벌을 붉은색으로 물들이는 나물이라는 뜻에서 지은 이름이에요. 갯벌의 염습지에서 많은 개체가 조밀하게 모여 자라요. 땅과 접하는 곳에서부터 가지가 많이 갈라져 자라는 것이 특징이에요. 줄기와 잎이 어렸을 때부터 붉은색을 띠고 있으며, 잎은 긴 통 모양이고 끝이 뾰족해요. 9~10월에 아주 작은 꽃이 모여 달리며, 열매는 둥글납작해요.

꽃

갯길경 (갯길경과)

Limonium tetragonum

높이: 30~60cm
관찰 지역: 인천(소래, 신도, 강화도, 덕적도, 영흥도), 경기(시흥, 대부도, 화성), 충남(보령, 태안, 홍성), 전북(군산, 부안), 전남(신안, 영광, 강진, 고흥, 목포, 보성, 순천, 여수, 장흥, 해남), 경북(포항), 경남(사천, 통영), 제주(제주시, 서귀포, 성산)

바닷가에서 자라는 '길경(도라지)'이라고 해서 지은 이름이에요. 바닷가 갯벌이나 모래 땅 또는 바위틈에서도 자라요. 뿌리가 굵고 곧게 뻗어 내리지요. 줄기는 뿌리에서 모여 나오며 사방으로 퍼져요. 9~10월에 노란색 꽃이 피며, 잘 말려서 장식용 꽃으로 사용하기도 해요.

꽃

애기비쑥 (국화과)

Artemisia fauriei

높이: 30~60cm
관찰 지역: 인천(소래, 강화도, 백령도), 경기(시흥), 충남(보령, 서산)

빗자루처럼 생긴 쑥이라는 뜻의 '비쑥'보다 작아서 붙인 이름이에요. 바닷가 염습지 주변 모래땅과 매립한 땅에서도 자라요. 뿌리에서 모여 나는 뿌리잎은 새의 깃털 모양으로 갈라지고, 꽃이 필 때쯤 없어져요. 9~10월에 아주 작은 머리 모양의 노란색 꽃이 달려요.

꽃

뿌리잎

31

갯개미취 (국화과)

Aster tripolium

높이: 20~100cm
관찰 지역: 인천(소래, 무의도, 영종도, 용유도, 백령도, 교동도, 강화도, 석모도), 경기(시흥, 안산, 화성), 충남(태안), 전북(군산, 부안), 전남(목포, 무안, 진도, 강진, 고흥, 순천, 여수, 완도, 장흥), 경남(거제, 남해, 마산, 사천), 부산(강서, 사하)

'개미취'는 뿌리의 모양이 개미를 닮았다는 뜻이라고 하며, 바닷가에서 자라는 식물이란 뜻에서 '갯'을 붙였어요. 바닷가 염습지 또는 간척한 땅에서 무리 지어 자라요. 줄기가 통통하고, 아래쪽은 붉은색을 띠어요. 9~10월에 국화꽃을 닮은 꽃이 피지요. 가운데는 노란색, 주위를 둘러싼 꽃잎은 연한 보라색이에요. 약재(약을 짓는 데 쓰이는 재료)로 쓰거나 꽃이 예뻐서 심기도 해요.

꽃

사데풀 (국화과)

Sonchus brachyotus

높이: 50~100cm
관찰 지역: 인천(소래, 백령도, 연평도, 강화도, 교동도, 시도, 영흥도), 경기(군자), 전북(변산), 경북(울릉도)

생김새와 쓰이는 것이 상추와 비슷하다고 해서 지은 이름이에요. 바닷가 염습지와 둑 또는 간척한 땅에서 무리 지어 자라요. 잎이 길게 나며, 가장자리는 깃털 모양으로 불규칙하게 갈라지거나 밋밋해요. 8~9월에 노란색 꽃이 줄기 끝에 여러 송이가 달려요. 약재나 가축의 먹이로 쓰이기도 하고, 꽃이 예뻐서 심기도 해요.

씨앗

꽃

지채 (지채과)

Triglochin maritimum

높이: 10~25cm
관찰 지역: 인천(강화도, 볼음도, 교동도, 선제도, 선갑도, 백령도, 시도, 무의도, 영흥도), 충남(태안)

바다의 채소라는 뜻에서 지은 이름이에요. 바닷물이 들어왔을 때 잠기는 염습지에서 무리 지어 자라요. 뿌리가 굵고 짧으며, 뿌리 끝에서 잎이 모여나지요. 8~9월에 꽃자루에 자주색 꽃 여러 송이가 마치 긴 꼬리처럼 이어서 매달려요. 어린잎을 먹기도 해요.

꽃

천일사초 (사초과)

Carex scabrifolia

높이: 30~60cm
관찰 지역: 인천(강화도, 덕적도, 석모도, 영종도), 경기(군자, 평택, 대부도, 화성, 매향, 호곡), 충남(안면도, 서산), 전북(위도, 부안), 전남(영광), 경남(거제), 경북(포항), 제주(서귀포)

한자 이름으로 천일(일천 천千, 날 일日)은 여러 해를 뜻하고, 사초는 모래땅에서 자라는 풀이라는 뜻에서 지은 이름이에요. 바닷물이 들어왔을 때 잠기는 염습지에서 무리 지어 자라요. 땅속으로 줄기가 길게 뻗어 자라요. 줄기를 만지면 세모진 모양을 확인할 수 있는 것이 특징이에요. 꽃은 5~7월에 피며, 위쪽에는 수꽃, 아래쪽은 암꽃이 같이 피어요.

수꽃

암꽃

갈대 (벼과)

Phragmites australis

높이: 200~300cm
관찰 지역: 인천(소래, 강화도, 시도, 석모도), 경기(시흥, 대부도, 화성), 충남(당진, 서천, 서산), 전북(김제, 군산), 전남(신안, 진도, 순천, 강진), 경남(남해), 제주(서귀포, 성산)

줄기가 가늘고, 대나무와 같은 마디가 있다고 해서 지은 이름이에요. 바닷물이 들어왔다 나가는 염습지뿐만 아니라 강을 따라 내륙까지도 잘 자라요. 땅속으로 줄기가 길게 뻗어 자라며, 산소를 잘 공급하는 조직이 발달되어 있어요. 8~9월에 갈색 먼지떨이처럼 생긴 꽃이 피어요. 오염된 물질을 깨끗하게 하는 능력이 뛰어나고, 뿌리를 한약재로 사용하기도 해요.

꽃

갓털이 달린 씨앗

기수우렁이 (기수우렁이과)

Assiminea japonica

패각: 높이 약 0.9cm, 너비 약 0.6cm
분포: 서해안, 남해안

우렁이 종류예요. 한자어로 육지의 물을 '담수(싱거운 물)', 바닷물을 '해수(짠물)'라고 해요. 해안가에는 담수와 바닷물이 만나는 곳에 물이 있는데 이 물을 '기수'라고 하지요. 이런 담수와 바닷물이 만나는 곳에 사는 우렁이라고 해서 붙인 이름이에요. 껍데기는 붉은색이지만 펄이 묻어 있거나 식물이 껍데기에 붙어 살고 있어 녹색으로 보이기도 해요. 원뿔의 나사 모양 층이 4~5층이에요.

갯우렁이 (구슬우렁이과)

Laguncula pulchella

패각: 높이 약 4.5cm, 너비 약 3.5cm
분포: 서해안, 남해안

　　육지에 사는 우렁이와 매우 비슷하며 갯벌에 산다고 해서 붙인 이름이에요. 달걀 모양의 껍데기는 황갈색이지만 환경에 따라 회백색을 띠기도 해요. 배가 발의 역할을 하며, 매우 느리게 움직여요. 배를 넓게 펼쳐서 이동하기 때문에 갯벌 표면에 지나간 흔적을 남겨요. 점액질(차지고 끈적끈적한 물질)을 분비하여 움직일 때 도움을 받고, 펄 흙이 배에 달라붙게 하여 주변 색과 비슷하게 위장하기도 해요. 배 발로 조개를 감싸 안고 구멍을 뚫어서 잡아먹어요.

가리맛조개 (작두콩가리맛조개과)

Sinonovacula constricta

패각: 길이 약 10cm, 높이 약 3cm
분포: 경기, 충남, 전남 해안

껍데기가 길쭉한 사각형으로, 사각형의 짧은 쪽 양옆은 둥그스름하고 끝부분이 벌어져
있어 속살이 보여요. 황갈색을 띠는 껍데기 표면에 실처럼 가는 줄이 덮여 있어요. 껍데기는
약해서 쉽게 잘 부서져요. 영어 이름은 긴 주머니칼처럼 보인다고 '잭나이프 조개(Jack knife)'
라고 해요. 푹푹 빠지는 물기가 많은 펄 갯벌의 10~20센티미터 깊이에서 살아요.

꼬막(돌조개과)

Tegillarca granosa

패각: 길이 약 4cm, 높이 약 3cm
분포: 충남, 경남, 전남 해안

'작다'라는 뜻의 꼬마조개에서 사투리인 꼬막으로 불리게 되었어요. 남해안의 순천, 보성, 벌교 지역에서 양식으로 많이 생산되어요. 특히 껍데기 표면에 기와지붕의 기왓골 모양의 세로줄이 17~18줄 있으며, 이 세로줄에 일정한 간격으로 두툼하게 솟은 부분이 있어요. 푹 푹 빠지는 펄에서 이동하기 좋은 뻘배를 타고 꼬막잡이를 많이 해요. 겨울철 전라도 지역의 특산물로 끓는 물에 살짝 데쳐 양념장에 묻혀서 먹어요. 옛날에는 수라상(임금님의 밥상)에 올라갈 정도로 귀한 대접을 받았다고 해요.

새꼬막 (돌조개과)

Anadara kagoshimensis

패각: 길이 약 7cm, 높이 약 5cm
분포: 서해안, 남해안

꼬막과 피조개의 중간 크기예요. 껍데기 표면에 부챗살 모양의 세로줄이 30~34줄 있으며, 이 세로줄 사이에는 황갈색 잔털이 많이 나 있어요. 이 털에 빗대어 참새고막(직감)이라고 부르던 것에서 비롯된 이름이라고 해요. 껍데기의 생김새는 위에서 보면 약간 찌그러진 네모 모양이에요. 옛날에는 제사상에 올리는 꼬막과는 다르게 새꼬막은 제사상에 올리지 못해서 '똥꼬막'이라고 부르기도 했지만, 요즈음은 꼬막 가격이 비싸고 귀해서 대신 새꼬막으로 제사를 지낸다고 해요.

피조개 (돌조개과)

Scapharca broughtonii

패각: 길이 약 12cm, 높이 약 9cm
분포: 서해안, 남해안

여느 조개와는 다르게 껍데기를 벌려 조개의 살을 발라내면 붉은 피가 뚝뚝 떨어져서 붙인 이름이며, 피꼬막이라고도 해요. 껍데기에 꼬막보다 가느다란 세로줄이 42~43줄 있어요. 이 세로줄에 짙은 황갈색 털이 나 있어요. 털의 길이가 세로줄 아래쪽으로 갈수록 길어요. 꼬막류 중에서 크기가 가장 크지요. 껍데기는 얇지만 단단해요. 독특하게 양식이 자연산보다 맛이 좋다고 해요.

낙지 (문어과)

Octopus minor

몸길이: 약 30cm(다리 포함)
분포: 우리나라 전 해안

몸 전체는 머리, 몸통, 다리로 나뉘어요. 눈과 입이 있는 머리는 몸통과 다리 사이에 있어요. 둥근 주머니처럼 생긴 몸통이 매끄러워요. 이 몸통 속에 내장의 여러 기관이 있어요. 다리가 8개이지만 서로 길이가 다르며 머리와 붙어 있어요. 자극을 받으면 오징어나 문어처럼 검붉게 변해요. 위험할 때는 먹물을 내뿜으며 도망쳐요. "쓰러진 소에게 낙지를 먹이면 벌떡 일어선다"는 옛말이 있듯이 몸에 쌓인 피로를 풀거나 체력을 키우는 데 좋아요.

참갯지렁이 (참갯지렁이과)

Hediste japonica

몸길이: 약 10cm
분포: 서해안, 남해안

몸은 고리 모양의 마디가 100여 개 정도 연결되어 있어요. 등 쪽은 짙은 갈색이고, 배 쪽은 살구색이에요. 입 마디에 길이가 다르고 기다란 수염처럼 보이는 더듬이가 4쌍 있지요. 산소가 조금 부족한 곳에서도 적응을 잘하고 중금속 오염에 민감하여 환경 오염 수준을 연구하는 데 중요하게 활용하는 생물이에요. 주로 갯벌에 있는 작은 생물을 먹고 살지만, 물고기나 새의 먹이가 되어 생태계의 먹이 순환에 중요한 역할을 해요.

흰이빨참갯지렁이 (참갯지렁이과)

Paraleonnates uschakovi

몸길이: 약 100~200cm
분포: 서해안, 남해안

우리나라 서해안과 남해안에서 살아요. 몸은 짙은 녹색이며, 뒷부분으로 갈수록 옅어져요. 보통 몸길이가 100센티미터 이상이라 움직일 때마다 갯벌 깊숙이 산소를 공급한다고 하지요. 펄 바닥에 붙은 규조류를 먹고 살아요. 이 규조류를 먹고 난 갯벌 주변은 마치 화가가 꽃을 그려 놓은 듯해요. 주변 환경에 매우 민감하여 몸의 일부분만 갯벌 표면에 드러내고 먹이 활동을 하다가 주변의 움직임을 알아채면 고무줄이 늘어났다가 줄어드는 것처럼 재빠르게 굴속으로 숨어 버려요.

*규조류: 식물플랑크톤으로 갈색, 녹색, 녹갈색 등을 띠어요. 밀물 때에는 갯벌 속에 있다가 썰물 때 갯벌 표면으로 올라와 활동하는 바다의 1차 생산자이지요. 광합성 작용으로 지구의 산소 중 20~50퍼센트를 만든다고 해요.

가지게 (사각게과)

Parasesarma plicatum

등딱지: 길이 약 2cm, 너비 약 2.5cm
분포: 서해안, 남해안

주로 염습지에 구멍을 파고 살아요. 사각형의 등딱지(등 쪽 갑각)는 두껍고 울퉁불퉁하지요. 집게다리는 붉은색을 띠며 혹이 10개 정도 있어요. 수컷의 집게다리는 억세게 생겼어요. 염습지와 육지가 연결되는 바닷물의 영향이 없는 육지의 제방이나 밭 등에서 활동할 정도로 이동 범위가 넓어요. 특히 어린 게는 사람이 가까이 다가가도 도망가지 않아서 관찰하기 쉽지요.

갈게 (참게과)

Helice tientsinensis

등딱지: 길이 약 2.5cm, 너비 약 3cm
분포: 강화, 소래, 태안, 변산반도, 순천만

육지와 가까운 갯벌이나 염습지에서 구멍을 파고 살아요. 염전에 구멍을 파서 피해를 주기도 하지요. 방게와 생김새가 매우 비슷해요. 눈 아래쪽에 가로로 작은 혹이 43개 정도 있어요. 이 혹들의 가운데에 4~5개 혹이 세로로 길쭉하게 보이는 것이 방게와 구별되는 특징이에요. 방게처럼 사람이 다가가면 양쪽 집게다리를 치켜들고 방어하는 자세를 보여요.

방게 (참게과)

Helice tridens

등딱지: 길이 약 2.5cm, 너비 약 3cm
분포: 서해안, 남해안

온몸이 갈색을 띠고 등딱지가 둥글게 볼록 튀어나왔어요. 갈게와 비슷하게 생겼지만, 눈 아래쪽에 가로로 작은 혹이 20개가량 있는 것이 달라요. 염습지나 갯벌의 진흙질 바닥에 구멍을 파고 살아요. 집게다리가 억세어 굴속에서 파 놓은 진흙을 집 주변에 한 무더기 쌓아 놓아요. 퇴적층 속 오염된 검은색 흙을 퇴적층 바깥으로 옮겨 갯벌을 깨끗하게 하는 것이지요. 사람이 다가가면 도망치지만 양쪽 집게다리를 높이 치켜들고 덤비기도 해요.

세스랑게 (여섯니세스랑게과)

Cleistostoma dilatatum

등딱지: 길이 약 1.5cm, 너비 약 2cm
분포: 서해안, 남해안

집게다리와 걷는다리 발끝이 붉은색을 띠어 별명이 '매니큐어게'예요. 염습지나 육지와 가까운 갯벌 윗부분의 진흙 바닥에 살아요. 몸통 양옆 가장자리가 둥글고 길쭉한 사각형이에요. 등딱지가 볼록하고 몸에 털이 많아요. 진흙으로 고깔 모양의 집을 짓고 살지요. 사람이 잡으려고 하면 죽은 척하며 움직이지 않기도 해요. 가끔 양쪽 집게다리를 동시에 올렸다 내렸다 하는 동작을 반복해요.

칠게 (칠게과)

Macrophthalmus japonicus

등딱지: 길이 약 2cm, 너비 약 3cm
분포: 서해안, 남해안

우리나라 서해안에서 가장 흔하게 보이는 대표적인 종이에요. 펄로 뒤덮여 있어서 등딱지의 털이 잘 보이지 않지요. 칠게의 갯벌 집은 깊지 않고 나무뿌리가 뻗은 것처럼 여러 갈래로 이루어져 있어요. 눈자루가 길어서 멀리까지 경계를 하며, 사람이나 적이 접근하면 재빠르게 구멍 속으로 숨어요. 여름철 한낮에는 일광욕으로 등딱지의 펄이 말라서 하얗게 보여요. 지역에 따라 게장이나 튀김으로 요리해서 먹지요.

펄털콩게 (콩게과)

Ilyoplax pingi

등딱지: 길이 약 0.7cm, 너비 약 1cm
분포: 경기, 충남, 전북, 전남 해안

육지와 가까운 갯벌 윗부분의 진흙 바닥에 살며 이름처럼 콩알 크기 정도로 작아요. 등딱지는 가로로 긴 사각형이에요. 등딱지에 5줄가량의 가로줄에 털이 나 있어요. 걷는다리 중 맨 뒤의 4번째 다리를 제외하고는 털이 촘촘하게 있어요. 경계심이 심하지 않아 가까이 다가가 잠시 기다리면 움직이는 모습을 잘 볼 수 있어요.

농게 (달랑게과)

Tubuca arcuata

등딱지: 길이 약 2cm, 너비 약 3.3cm
분포: 서해안, 남해안

집게다리를 움직이는 모습이 마치 바이올린을 켜는 듯한 동작 같아 별명이 '바이올린 켜는 게(fiddler crab)'예요. 농발이라는 별명도 있어요. 등딱지가 사다리꼴로 앞쪽이 더 넓어요. 눈자루가 길고 가늘지요. 걷는다리는 검은색에 가깝고, 수컷의 집게다리는 한쪽이 크고 붉은색을 띠며 작은 돌기가 많아요. 수컷은 집게다리를 위로 올렸다가 내리기를 반복하면서 자신을 뽐내거나 짝짓기 시기에 암컷에게 신호를 보내요.

흰발농게 (달랑게과)

Austruca lactea

등딱지: 길이 약 0.9cm, 너비 약 1.4cm
분포: 강화도, 서해안

집게다리가 우윳빛이라 '우윳빛 바이올린 연주자'라는 별명이 있어요. 앞이 넓고 뒤가 좁은 사다리꼴인 등딱지는 회색 바탕에 검푸른색의 무늬가 있으며 햇빛을 오래 받으면 짙은 색으로 변하기도 해요. 수컷의 집게다리는 한쪽이 아주 크고, 색이 하얗고 매끄러워요. 큰 집게다리 바닥 바깥면은 매끄럽고 혹이 없는 것이 농게와 다른 점이에요. 수컷은 마치 가슴을 치는 것과 같은 동작을 반복하며 자신을 뽐내요. 멸종위기 야생생물 2급이며 인천의 깃대종(어느 지역을 대표하는 동식물의 종)이에요.

말뚝망둑어 (망둑어과)
Periophthalmus modestus

몸길이: 약 7∼10cm
분포: 서해안, 남해안

　'망둑어'는 툭 튀어나온 눈이 마치 망을 보는 것 같다는 뜻의 망동어가 변한 이름이고, 말뚝처럼 생긴 모습이나 말뚝 위에 잘 올라가서 지은 이름이에요. 밀물 때에는 바닷가의 바위나 말뚝, 갈대 줄기 위로 기어오르는 일이 많아요. 물속뿐만 아니라 물 밖에서도 숨을 쉬는 물고기예요. 두 눈이 머리 윗부분에 볼록하게 솟아 있어요. 가슴지느러미와 꼬리지느러미를 이용하여 펄 위로 튀어 오르며 뛰어다니거나 기어다녀요. 몸은 뒤로 갈수록 옆으로 납작하지요. 두 눈을 껌벅거리는 모습이 귀여워요.

짱뚱어 (망둑어과)

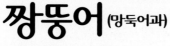

Boleophthalmus pectinirostris

몸길이: 약 10~15cm
분포: 전남 해안

몸 전체에 하늘색 점들이 흩어져 있어요. 머리는 크고, 몸은 뒤로 갈수록 가늘어지며 옆으로 납작해져요. 입은 짧고 둥글며 눈이 튀어나와 있어요. 꼬리 쪽 등지느러미에 하늘색 줄무늬가 6줄 있어요. 꼬리지느러미에도 하늘색 점들이 줄무늬를 이루고 있지요. 피부호흡을 하기 때문에 피부가 마르지 않게 자주 좌우로 몸통을 뒤집는 행동을 해요. 겨울잠을 자는 물고기라 '잠둥어', '잠퉁이'라는 별명이 있어요.

큰기러기 (기려기과)

Anser fabalis

몸길이: 85.5~90cm
도래 시기: 9월~이듬해 3월

우리나라를 찾는 기러기는 거의 큰기러기와 쇠기러기예요. "그력 그력" 하는 울음소리를 본뜬 '기러기'에, 쇠기러기보다 몸집이 커서 붙인 이름이에요. 몸은 검은빛을 띤 갈색을 띠고 배는 흰색이지요. 부리는 검은색이며, 부리 끝의 주황색 띠가 특징이에요. 주로 논과 습지에서 벼 이삭, 잡초, 풀뿌리, 무척추동물 등을 먹으며, 넓은 갯벌에서 쉬거나 잠을 자요. 경계심이 강해 위험을 느끼면 목을 길게 세워 주위를 살펴요. 이동할 때 V 자로 줄지어 날아가는 모습을 볼 수 있어요.

멸종위기 야생생물 2급으로 우리 모두 보호해야 해요.

쇠기러기 (기러기과)

Anser albifrons

몸길이: 64~78cm
도래 시기: 9월~이듬해 3월

우리나라에서 가장 흔히 볼 수 있는 기러기예요. 이름에 '쇠' 자를 붙이면 몸집이 작다는 뜻이지요. 몸은 검은빛을 띤 갈색이며 배에 검은색 줄무늬가 있어요. 분홍색 부리, 흰색 이마가 특징이에요. 주로 논과 습지에서 벼 이삭, 잡초, 풀뿌리, 무척추동물 등을 먹고 넓은 갯벌에서 쉬거나 잠을 자요. 경계심이 강해 위험을 느끼면 목을 길게 빼고 주위를 살펴요. 이동할 때 무리 지어 V 자로 줄지어 날아가는 모습을 볼 수 있어요.

큰고니 (오리과)

Cygnus cygnus

몸길이: 140~165cm
도래 시기: 11월~이듬해 3월

고니 무리 중에서 수가 많은 고니보다 몸집이 커서 붙인 이름이에요. 고니는 "곤~" 하고 울어서 붙인 '곤이'가 변한 이름이지요. 한쪽 다리로 선 채 머리를 뒤로 돌려 몸에 파묻고 쉬거나 잠을 자는 특징이 있어요. 부리의 노란색이 코 아래쪽까지 이어져 있어 코 위쪽에서 끝나는 고니와 구별되어요. 호수, 하구, 갯벌에서 수생식물의 줄기, 열매, 뿌리 그리고 새우와 게 등을 먹어요.

천연기념물, 멸종위기 야생생물 2급으로 우리 모두 보호해야 해요.

큰고니

고니

흰뺨검둥오리 (오리과)

Anas poecilorhyncha

몸길이: 52~62cm
도래 시기: 1년 내내

멀리서 보면 몸은 검은색, 얼굴은 흰색으로 보여서 붙인 이름이에요. 검은색 부리 끝이 노란 것이 특징이지요. 청둥오리와 함께 우리나라에서 가장 흔하게 관찰되는 오리예요. 하천, 저수지, 하구, 간척지, 염습지, 해안 등 다양한 곳에서 식물의 씨앗, 곡식, 갑각류, 어류, 연체동물을 먹고 살아요.

왜가리 (백로과)

Ardea cinerea

몸길이: 94~97cm
도래 시기: 1년 내내

날아다닐 때 "왜~액~" 하고 소리를 내서 붙인 이름이지요. 몸은 회색을 띠며 번식기에는 검은색 댕기 깃이 머리 뒤로 나요. 강변이나 저수지, 염습지, 갯벌 등지에서 물고기, 개구리, 도마뱀, 곤충 등을 사냥하는 모습을 볼 수 있어요.

기후변화 생물지표종으로 지정하여 관리하고 있어요.

중대백로 (백로과)

Ardea alba

몸길이: 83~89cm
도래 시기: 1년 내내

온몸이 흰색이라는 뜻의 '백로'에, 대백로보다는 작고 중백로보다는 커서 붙인 이름이에요. 몸은 흰색이며 다리는 검은색이지요. 입꼬리(구각)가 눈 뒤까지 이어져 있는 것이 특징이에요. 갯벌, 염습지, 하구, 호수 등에서 어류, 양서류, 갑각류 등을 잡아먹어요. 기후변화 생물지표종으로 지정하여 관리하고 있어요.

*생물지표종: 한 생물 종이 자라는 지역의 기후, 토양 또는 환경 특성을 잘 보여 주는 종이에요. 요즘은 환경에 미치는 오염 물질의 영향이 커짐에 따라 환경 오염도를 가늠하는 기준이 되는 지표식물이 눈길을 끌고 있어요.

쇠백로 (백로과)

Egretta garzetta

몸길이: 58~61cm
도래 시기: 1년 내내

백로 무리 중에서 크기가 가장 작아서 붙인 이름이에요. 번식기에는 머리 뒤로 기다란 흰색 댕기 깃이 나오고 노란색 발가락이 특징이지요. 하천이나 해안, 염습지 등 물이 얕은 곳에서 양서류, 어류, 갑각류 등을 잡아먹어요.

기후변화 생물지표종으로 지정하여 관리하고 있어요.

장다리물떼새 (장다리물떼새과)

Himantopus himantopus

몸길이: 35~40cm
도래 시기: 4~9월

물떼새 무리 가운데 가장 다리가 길어서 붙인 이름이에요. 가늘고 기다란 부리는 검은색이고 이름처럼 붉은색의 긴 다리가 특징이지요. 물이 고인 논, 하천, 해안가, 염습지 등에서 어류, 곤충의 유충, 갑각류 등을 잡아먹어요.

겨울깃

여름깃

깝작도요 <small>(도요과)</small>

Actitis hypoleucos

몸길이: 20cm
도래 시기: 1년 내내

머리와 꼬리를 끊임없이 위아래로 까딱이며 먹이를 찾는다고 해서 붙인 이름이에요. 몸 윗면은 초록빛을 띤 갈색, 배는 흰색이며 가슴 옆의 흰색 무늬가 위쪽 어깨까지 이어지는 것이 특징이지요. 해안가, 염습지, 하구, 개울 등에서 곤충, 갑각류, 저서 무척추동물을 잡아먹어요.

개리 (오리과)

Anser cygnoides

몸길이: 81～94cm
도래 시기: 10월～이듬해 4월

갯기러기(갯벌의 기러기)라는 뜻에서 붙인 이름이지요. 목이 길고 갈색과 흰색으로 뚜렷하게
나뉘는 것이 특징이에요. 펄 갯벌에서 머리를 펄 속에 넣고 물풀과 조개 등을 먹고 살아요.
천연기념물, 멸종위기 야생생물 2급으로 우리 모두 보호해야 해요.

저어새 (저어새과)

Platalea minor

몸길이: 73.5cm
도래 시기: 3~11월, 제주도에서 월동

부리를 벌린 채 물속에 넣고 좌우로 휘저으며 먹이를 잡아서 붙인 이름이에요. 눈 주변이 검고 주걱이나 숟가락처럼 생긴 기다란 부리가 특징이지요. 물이 고인 갯벌(갯골), 하구, 논 등 습지에서 어류와 새우 등을 잡아먹어요.

천연기념물, 해양보호생물, 멸종위기 야생생물 1급으로 우리 모두 보호해야 해요.

노랑부리저어새 (저어새과)

Platalea leucorodia

몸길이: 80~93cm
도래 시기: 10월~이듬해 3월

짝짓기 무렵 부리 끝이 노란색을 띠어서 붙인 이름이지요. 눈 주변이 희고 주걱처럼 생긴
부리가 특징이에요. 하천이나 갯벌에서 양서류, 어류, 새우 등을 잡아먹어요.
천연기념물, 멸종위기 야생생물 2급으로 우리 모두 보호해야 해요.

노랑부리백로 (백로과)

Egretta eulophotes

몸길이: 65~68cm
도래 시기: 4~10월

짝짓기(번식기) 무렵이면 부리가 노란색을 띠어서 붙인 이름이에요. 머리 뒤로 장식깃이 갈기처럼 나는 것이 특징이지요. 백로류는 대부분 민물 주변에서 살지만 유일하게 노랑부리백로는 서해안 갯벌에서 살아요. 갯벌이나 해안에서 어류, 갑각류, 연체동물 등을 잡아먹어요. 천연기념물, 해양보호생물, 멸종위기 야생생물 1급으로 우리 모두 보호해야 해요.

흑두루미(두루미과)

Grus monacha

몸길이: 91~100cm
도래시기: 10월~이듬해 3월

몸이 검은색을 띠어서 붙인 이름이에요. 머리부터 목까지는 흰색이고, 이마에 붉은색 피부가 드러난 것이 특징이지요. 갯벌과 논을 오가며 곡식, 풀씨, 식물의 뿌리, 어류, 새우와 게 등 갑각류를 잡아먹어요.

천연기념물, 멸종위기 야생생물 2급으로 우리 모두 보호해야 해요.

재두루미 (두루미과)

Grus vipio

몸길이: 115~125cm
도래 시기: 10월~이듬해 4월

몸에 잿빛(회색) 깃이 많아서 붙인 이름이에요. 전체적으로 회색을 띠며 눈 주위의 붉은색 피부가 특징이지요. 어린 새는 정수리(머리 꼭대기)에서 뒷목까지 갈색이에요. 주로 논에서 낟알이나 풀씨를 먹지만 갯벌에서 새우나 어류를 잡아먹기도 해요.

천연기념물, 멸종위기 야생생물 2급으로 우리 모두 보호해야 해요.

어린 새

70

두루미 (두루미과)

Grus japonensis

몸길이: 140~150cm
도래 시기: 10월~이듬해 3월

"뚜루루루~" 하는 울음소리를 본떠 붙인 이름이에요. 셋째 날개깃의 검은색 부분이 마치 꽁지깃처럼 보이고, 검은색 목과 정수리의 붉은색 피부가 특징이지요. 어린 새는 머리와 목이 연한 갈색을 띠어요. 논과 습지, 갯벌에서 낟알, 미꾸라지, 게, 갯지렁이, 염생식물의 뿌리 등을 먹어요.

천연기념물, 멸종위기 야생생물 1급으로 우리 모두 보호해야 해요.

어린 새

중부리도요 (도요과)

Numenius phaeopus

몸길이: 40～44cm
도래 시기: 3～10월

　도요라는 이름은 울음소리를 본떠 지었지요. 몸은 짙은 갈색을 띠어요. 부리가 머리 길이보다 2배 정도 길고 아래로 휘어진 것이 특징이에요. 물이 빠진 갯벌에서 주로 게와 갯지렁이, 조개 등을 잡아먹어요. 밀물이 들어와 만조(밀물이 가장 높은 해면까지 꽉 차게 들어오는 때, 찬물때)가 되면 염생식물이 많은 곳에서 쉬는 것을 좋아해요.

마도요 (도요과)

Numenius arquata

몸길이: 50~60cm
도래 시기: 1년 내내

　도요 무리 가운데 몸집과 부리가 커서 크다는 뜻의 '말(또는 마)'을 붙인 이름이에요. 부리가 머리의 3배 정도로 길고 아래로 휘어져 있어요. 몸은 전체적으로 갈색을 띠지만 몸 아랫면이 흰색인 것이 특징이에요. 썰물 때 갯벌이 드러나면 긴 부리로 갯벌에 구멍을 찔러 가면서 갯지렁이, 게, 새우 등을 잡아먹고 살아요.

알락꼬리마도요 (도요과)

Numenius madagascariensis

몸길이: 55~62cm
도래 시기: 3~11월

우리나라에서 관찰되는 도요 무리 가운데 몸집과 부리가 가장 크고 길어요. 붉은빛 갈색 바탕에 검은색 줄무늬가 빽빽한 것이 특징이에요. 여기에 빗대어 붙인 이름이지요. 갯벌을 걸어 다니며 부리를 갯벌 깊숙이 찔러 게, 새우, 갯지렁이를 먹고 살아요.

해양보호생물, 멸종위기 야생생물 2급으로 우리 모두 보호해야 해요.

청다리도요 (도요과)

Tringa nebularia

몸길이: 30~35cm
도래 시기: 4월~5월, 7월~12월

다리 색이 푸른색(청색)을 띠고 있어 붙인 이름이에요. 위로 살짝 휜 부리와 얼굴에서 가슴까지 검은색 줄무늬가 빽빽한 것이 특징이에요. 주로 작은 무리를 이루어 생활하지요. 밀물 때 갯벌의 얕은 물에서 부리를 약간 벌린 뒤 물속에 넣고 빠르게 움직이면서 망둑어 같은 물고기나 갯지렁이, 조개 등을 잡아먹어요.

혼성 갯벌

왕좁쌀무늬고둥(좁쌀무늬고둥과)

Reticunassa festiva

패각: 높이 약 1.5cm, 너비 약 0.7cm
분포: 서해안, 남해안

껍데기에 세로줄과 가로줄이 교차하면서 좁쌀 같은 혹이 만들어져서 이름을 붙였어요.
원뿔 모양이며 나사 모양의 층이 8층이지요. 단단한 껍데기는 누런빛을 띤 흰색 바탕에 황
갈색 띠가 있어요. 움직임이 매우 느려서 죽은 생물체를 먹고 살아요. 갯벌 퇴적층 속에 있
다가 죽어 가는 생물의 냄새를 맡으면 무리 지어 나타나 깨끗이 먹어 치워 갯벌을 깨끗하게
해요.

민챙이 (포도고둥과)

Bullacta exarata

패각: 높이 약 2cm, 길이 약 4cm
분포: 서해안, 남해안

껍데기는 달걀 모양에 누런색 또는 회색이며, 몸의 3분의 2가량만 감싸고 있어요. 껍데기가 매우 얇고 약해서 쉽게 깨져요. 고운 펄 바닥이나 모래 섞인 펄 바닥 위로 기어다니는 모습을 볼 수 있어요. 속살이 끈적거리고 매끈하여 온몸을 펄로 감싸고 다니지요. 마치 펄 덩어리가 움직이는 것처럼 보이게 자신을 위장하고 다녀요. 예전에는 '민칭이'라고 했어요. '바다달팽이'라고 부르기도 해요.

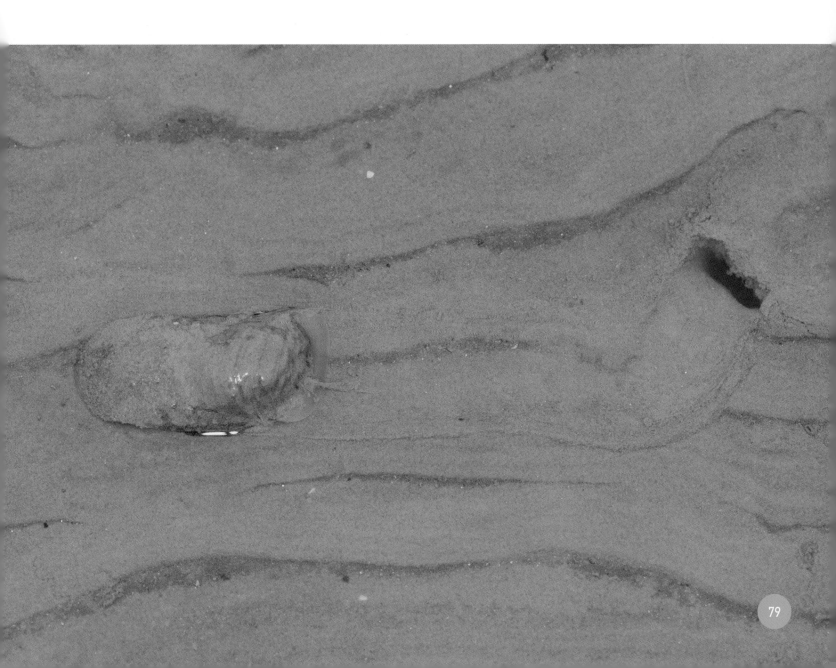

모시조개 (백합과)

Cyclina sinensis

패각: 길이 약 5cm, 높이 약 5cm
분포: 경기, 충남, 전북, 경남 해안

껍데기에 가느다란 성장선이 뚜렷하게 보이며, 마치 모시 천의 무늬와 비슷해서 붙인 이름이에요. 생김새는 동그라미 모양에 색깔은 엷은 누런색이며 갯벌 퇴적층에 따라 검은색, 회백색, 갈색을 띠기도 해요. 껍데기 색이 검다고 해서 '가무락조개'라고도 하지요. 가을부터 이듬해 봄까지가 제철로 맛이 가장 좋아요. 맑은탕이나 파스타의 재료로 쓰이기도 해요.

떡조개  (백합과)

Dosinia japonica

패각: 길이 약 7cm, 높이 약 2.8cm
분포: 경기만, 충남, 경남 해안

조갯살이 떡처럼 쫄깃쫄깃하다고 해서 이름을 붙였어요. 껍데기는 둥글고 두꺼우며, 모시 조개보다 조금 더 크고 납작한 편이에요. 껍데기 표면은 흰색이며 퇴적층에 따라 회백색, 황갈색까지 여러 가지 색을 띠어요. 모래가 많이 섞인 갯벌 바닥에서 살아요. 해감이 쉽지 않아 모래주머니를 떼어 내고 먹어야 해요.

***해감:** 조개류의 먹이 활동 후 몸속에 남아 있는 펄이나 모래 따위의 찌꺼기를 뱉어 내게 한다는 뜻이에요.

바지락(백합과)

Ruditapes philippinarum

패각: 길이 약 3cm, 너비 약 1.5cm
분포: 서해안, 남해안

조개를 캘 때 부딪히는 소리가 "바지락바지락" 한다고 해서 붙인 이름이에요. 조개의 양쪽 껍데기 무늬는 서로 비슷하지만, 바지락은 양쪽 껍데기의 무늬가 조금씩 달라요. 껍데기 무늬도 매우 다양해요. 모래나 자갈 그리고 펄이 섞인 퇴적층 표면에서 10센티미터 이내에 살아요. 우리가 즐겨 먹는 조개 중 하나이지요. 맛이 있고 살도 통통한 봄이 제철이에요. 찌개나 무침, 칼국수 등 여러 가지 요리에 쓰여요.

갈색새알조개 (새알조개과)

Glauconome chinensis

패각: 길이 약 2~2.5cm, 높이 약 1~1.5cm
분포: 서해안, 남해안

긴 타원형의 껍데기가 얇아 부스러지기 쉬워요. 매끈한 껍데기는 누런빛을 띤 녹색이지요. 모래가 섞인 진흙 바닥의 기수 지역에 5센티미터가량 구멍을 파고 들어가 살면서 먹이 활동을 해요. 펄이 퇴적층 표면을 살짝 덮은 곳에 구멍이 있는 곳을 파 보면 먹이 활동을 한 흔적을 볼 수 있어요.

개맛 (개맛과)

Lingula anatina

패각: 길이 약 4~5cm, 너비 약 1.5cm
분포: 영종도, 대부도, 충남, 전북, 전남 해안

지질시대 이후부터 살아온 '살아 있는 화석'이에요. 약 5억 년 전의 생김새와 구조를 유지하고 있지요. 몸은 2장의 껍데기로 싸여 있으며, 방패 모양이에요. 껍데기 속에는 소화와 배설을 하는 기관밖에 없어요. '병부'라는 꼬리처럼 달린 근육질의 발로 이동하거나 몸의 중심을 잡아요. 배의 닻과 같은 역할을 하지요. 발의 길이는 껍데기 길이의 2~3배가 넘기도 해요. 몸통의 일부를 갯벌 위로 내밀고 바닷물 속의 플랑크톤을 걸러 먹으며 살아요.

패각: 길이 약 4~5cm, 너비 약 1.5cm
분포: 영종도, 대부도, 충남, 전북, 전남 해안

두토막눈썹참갯지렁이 (참갯지렁이과)

Perinereis linea

몸길이: 평균 12cm
분포: 서해안, 남해안

입주머니 위쪽에 눈썹 모양의 이빨이 마치 두 토막처럼 보여서 붙인 이름이에요. 몸이 청색을 띤다고 해서 '청충이'라고도 하지요. 입주머니 밖으로 튀어나온 좌우 2개의 턱으로 적을 방어하거나 먹이를 잡아요. 몸길이는 보통 20센티미터까지 자라지요. 마디마다 작은 발이 있어요. U 자 모양의 굴을 파고 살면서 갯벌의 흙을 깨끗하게 해요. 갯바위 바다낚시에서 미끼로 많이 쓰여요.

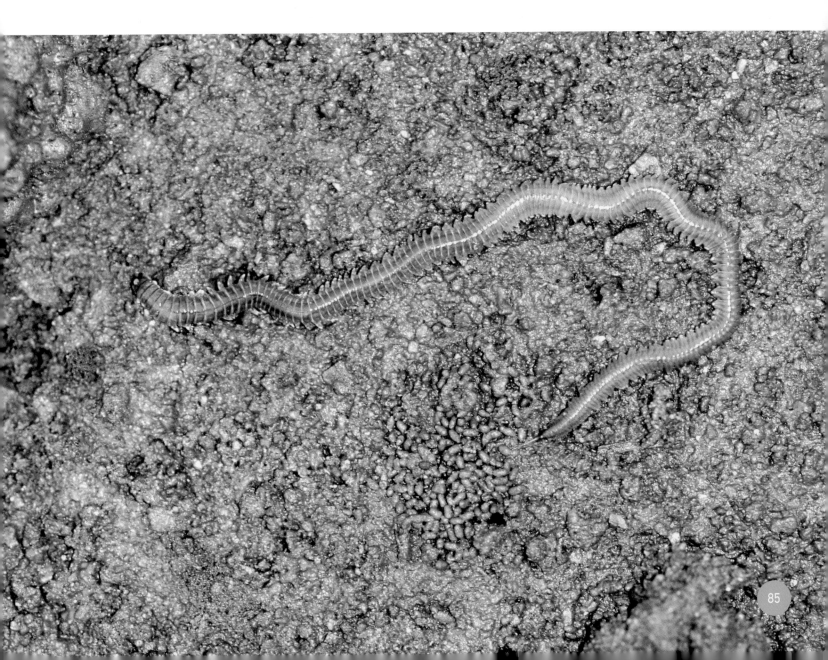

털보집갯지렁이 (집갯지렁이과)

Diopatra sugokai

몸길이: 약 10cm
분포: 경기만, 전북 해안

머리 쪽에 털이 많아 붙인 이름이에요. 몸은 갈색이고 앞부분의 등 쪽은 어두운 녹색이며, 배 쪽은 옅은 붉은색이에요. 조개껍데기나 껍데기 조각, 모래 알갱이, 바다 식물 조각이나 뿌리 등을 붙여서 지은 집이 갯벌에 박혀 있는 것처럼 보여요. 눈은 없지만 냄새나 진동을 느낄 수 있는 감각기관이 있지요. 몸이 잘 늘어나고 줄어드는 신축성을 이용하여 날쌔게 몸 일부분을 집 밖으로 내밀고 먹이 활동을 해요. 위험하다 싶으면 재빨리 집 속으로 숨어요.

가시닻해삼 (닻해삼과)

Protankyra bidentata

몸길이: 약 5~10cm, 너비 약 0.7~0.9cm
분포: 서해안, 남해안

긴 원기둥 모양의 몸은 연분홍색을 띠고 약간 투명해요. 몸속에 가시처럼 생긴 수많은 돌기가 있어서 만지면 껄끄럽지요. 몸길이 방향으로 검은색 띠가 5줄 보여요. 진흙이나 모래진흙 퇴적물 속에 있다가 퇴적물 밖으로 나오면 몸 전체가 꼬인 모습이지요. 위험해지면 스스로 몸의 일부를 떼어 내고 도망가요. 떨어져 나온 토막은 다시 새로운 가시닻해삼으로 자라요.

넓적원손집게 (넓적원손집게과)

Diogenes edwardsii

크기: 갑각 앞부분 길이 약 0.5~1.2cm
분포: 서해안, 남해안

집게는 게와 새우의 중간 형태인 무리예요. 이름처럼 왼쪽 집게다리가 크고 넓적하지요. 배에 있는 다리는 퇴화되었어요. 머리가슴은 갑각으로 싸여 있어 단단하지만 배 부분은 말랑말랑하고 연해요. 날카로운 것에 다치거나 적으로부터 자신을 보호하기 위해 무거운 고둥류 껍데기를 지고 다니지요. 배(복부) 끝에는 꼬리다리가 있어요. 이 꼬리다리에 붙어 있는 갈고리 모양의 가시들이 고둥의 껍데기가 벗겨 나가지 않게 해요.

꽃게  (꽃게과)

Portunus trituberculatus

등딱지: 길이 약 5cm, 너비 약 10cm
분포: 동해 일부를 제외한 전국 해안

'꼬챙이처럼 날카롭다'라는 뜻에서 붙인 이름이라고 해요. 껍데기는 초록빛을 띤 연한 청색 또는 짙은 청색이지요. 등딱지는 육각형이며, 양 끝이 가시처럼 뾰족해요. 좌우의 네 번째 걷는다리가 잘 발달하여 보통 게와는 다르게 헤엄을 잘 쳐요. 밤에 움직이고, 낮에는 모래나 진흙 속에서 숨어 지내요. 6~8월에는 알을 품고 있어 잡는 것을 금지하고 있어요. 찜, 탕이나 게장으로 즐겨 먹어요.

민꽃게 (꽃게과)

Charybdis japonica

등딱지: 길이 약 6cm, 너비 약 9cm
분포: 우리나라 전 해안

꽃게와는 다르게 등딱지 양 끝이 뾰족하지 않고 민민해서 붙인 이름이에요. '민민하다'는 '밋밋하다'의 경상남도 사투리예요. 등딱지는 초록빛을 띤 갈색 바탕에 얼룩무늬가 있지요. 두 집게다리는 크기가 거의 비슷하고, 마디마다 날카로운 가시가 있어요. 바다의 돌 밑이나 바위틈에서 볼 수 있어요. '박하지' 또는 '돌게'라고도 해요. 위험해지면 두 집게다리를 들고 덤비는 자세를 취해요.

도둑게 (사각게과)

Chiromantes haematocheir

등딱지: 길이 약 2~3cm, 너비 약 3.3cm
분포: 서해, 남해, 제주도 해안

바닷가 근처에 살면서 사람 사는 집에 들어와 음식을 훔쳐 먹는다고 해서 붙인 이름이에요. 장마철에는 집 안으로 들어오는 일이 많아요. 진한 녹색을 띤 사각형 등딱지는 매끈해요. 붉은색을 띤 집게다리는 대칭이에요. 해변 근처의 제방이나 논, 숲 등에 살아요. 짝짓기철에는 검붉게 혼인색을 띠지요. 7~8월에 알을 품고, 8~9월의 밀물 때 해안의 바위 지대로 이동하여 알에서 깨어난 유생(탈바꿈을 하는 동물의 어린 개체)을 바닷물에 뿌려요.

밤게 (밤게과)

Pyrhila pisum

등딱지: 길이 약 2~2.2cm, 너비 약 1.9~2cm
분포: 서해안, 남해안

등딱지가 동글동글 밤톨처럼 생겨서 붙인 이름이에요. 눈이 매우 작아요. 등딱지는 짙은 녹색 바탕에 갈색 무늬가 있어요. 환경에 따라 등딱지의 색깔이 녹색, 갈색, 검은색 등 다양해요. 등딱지가 매우 볼록하여 공처럼 보여요. 움직임이 매우 느리고, 살짝 건드리면 죽은 척 움직이지 않지요. 죽은 생물을 먹고 살아서 갯벌을 깨끗하게 해요. 보통 게와는 다르게 집게다리를 비스듬히 들고 앞으로 걸어요.

딱총새우 (딱총새우과)

Alpheus brevicristatus

몸길이: 약 5cm
분포: 서해안, 남해안

'딱' 하고 총 쏘는 소리를 내서 붙인 이름이에요. 딱총새우 무리 가운데 몸집이 큰 편에 속해요. 큰 집게다리는 길이가 너비의 약 3배 정도예요. 잘 발달한 큰 집게다리는 엄청난 능력을 보여 주어요. 큰 집게다리의 두 발가락을 부딪치면 공기 방울이 만들어지면서 큰 소리가 나지요. '딱' 하는 소리에 먹잇감이 충격받은 틈을 타서 사냥해요. 이때 그 소리가 먼 곳까지 잘 들린다고 하지요. 작은 집게다리로 먹이를 먹고, 서로 소통해요.

긴발딱총새우(딱총새우과)

Alpheus japonicus

몸길이: 약 5cm
분포: 경기만, 전북, 전남, 경남 해안

양쪽 집게다리는 몸길이의 반보다 조금 더 길어요. 특히 작은 집게다리는 큰 집게다리보다 가늘고 길지요. 갯벌 아랫부분의 진흙이 많이 섞인 모랫바닥에서 굴을 파고 살아요. 껍데기가 매끄럽고 가시가 없어요. 몸은 연한 초록빛을 띤 갈색 또는 붉은빛을 띤 갈색이에요. 몸 마디마다 가로줄의 연한 갈색 띠가 있어요. 민감해서 굴 밖으로 잘 나오지 않는 습성이 있어요.

쏙 (쏙과)

Upogebia major

몸길이: 약 10cm
분포: 우리나라 전 해안

붓 대롱을 구멍에 넣어 당기면 쏙 나온다고 해서 붙인 이름이에요. 다른 '쏙'을 구멍에 넣으면 그 '쏙'을 물고 나오기도 해요. 생김새가 마치 배가 큰 가재 같아요. 쏙이 많이 사는 곳은 갯벌 표면이 연탄구멍처럼 보이지요. Y 자 모양으로 굴을 파고 살며, 깊이 1미터가 훨씬 넘는 굴도 있다고 해요. 거의 정확하게 둥근 기둥 모양으로 매끈하게 굴을 파요. 구멍이 크고 깊어서 갯벌 퇴적층 속으로 산소를 공급하는 역할도 커요.

풀망둑(망둑어과)

Synechogobius hasta

몸길이: 평균 약 30cm
분포: 서해안, 남해안

우리나라 망둑어류 중에서 가장 커요. 50센티미터 이상 자라기도 해요. 갯벌에 살면서 게나 새우, 작은 물고기를 먹지요. 몸통이 가늘고 길며, 누런빛을 띤 갈색 바탕에 10개 안팎의 점들이 희미하게 있어요. 등지느러미와 꼬리지느러미에는 줄무늬가 없고 노란색을 띠지요. 4~5월에 많게는 수만 개의 알을 낳아요. 염분 농도의 변화에 적응하는 능력이 매우 뛰어나요. 경계심이 약하고 먹이에 대한 욕심이 강해요.

혹부리오리 (오리과)

Tadorna tadorna

몸길이: 55~65cm
도래 시기: 11월~이듬해 4월

짝짓기 무렵이면 수컷의 부리 위쪽에 붉은색 혹이 생겨서 붙인 이름이지요. 몸은 흰색이고 머리와 목은 녹색 광택이 있는 검은색, 가슴의 갈색 띠가 특징이에요. 하구나 갯벌에서 부리를 펄에 대고 훑으며 해조류, 게와 새우 같은 갑각류를 잡아먹어요.

흑꼬리도요 (도요과)

Limosalimosa

몸길이: 36~40cm
도래 시기: 4~5월, 8월~10월

하늘을 날 때 꼬리 끝부분이 검은색이라서 붙인 이름이지요. 길고 곧은 부리는 노란빛을 띤 갈색이며 끝부분이 검은색을 띠는 것이 특징이에요. 논, 습지, 갯벌에서 긴 부리를 갯벌이나 논흙 속에 찔러 넣어 곤충, 갯지렁이, 게, 새우 따위를 먹어요.

겨울깃

학도요 (도요과)

Tringa erythropus

몸길이: 32.5cm
도래 시기: 3~5월, 7~10월

부리와 다리가 학(두루미)처럼 길어서 붙인 이름이에요. 짝짓기 시기인 여름철 수컷의 깃털(여름깃, 번식깃)은 검은색을 띠고, 겨울철(겨울깃, 비번식깃)에는 회색빛을 띤 갈색으로 바뀌어요. 논과 습지, 갯벌에서 곤충이나 갯지렁이 등을 잡아먹어요.

겨울깃

뒷부리도요 (도요과)

Xenus cinereus

몸길이: 22~25cm
도래 시기: 4~10월

부리가 길고 위로 휘어져 있어서 붙인 이름이에요. 몸 위쪽은 회색이고, 노란색 다리가 특징이지요. 목을 낮추고 걸어 다니다가 먹이를 발견하면 뛰어가서 잡아요. 게, 갯지렁이, 새우, 곤충 등을 잡아먹지요.

검은머리갈매기 (갈매기과)

Chroicocephalus saundersi

몸길이: 29~33cm
도래 시기: 1년 내내

짝짓기 무렵에 수컷의 머리 부분이 검은색으로 변해 붙인 이름이에요. 이때 검고 짧은 부리와 하얀색 눈테가 특징이지요. 겨울철에는 머리가 희고, 눈 뒤쪽으로 검은색 점이 있지요. 물이 빠진 갯벌 위를 날다가 마치 내리꽂듯이 내려와 게, 새우, 갯지렁이를 잡아먹어요. 해양보호생물, 멸종위기 야생생물 2급으로 우리 모두 보호해야 해요.

여름깃

101

도깨비쇠고비(관중과)

Cyrtomium falcatum

크기: 뿌리에서 나온 잎의 길이 20~60cm
관찰 지역: 인천(무위도, 백령도), 전남(영광), 경북(울릉도)

잎끝이 도깨비 뿔을 닮았다고 해서 지은 이름이에요. 해안가 바위틈의 그늘진 곳에서 자라요. 여러해살이로 낙엽이 지지 않은 늘 푸른 식물이에요. 뿌리줄기에서 여러 장의 잎이 모여서 나와요. 잎에 반짝거림이 있고, 가죽과 같은 두터운 느낌이 있어요. 잎 뒷면에 많이 달린 포자낭에는 포자가 들어 있지요.

*포자와 포자낭: 포자는 꽃이 피지 않는 식물인 이끼, 고사리와 같은 식물이 만든 생식세포로, 바람이나 물의 힘으로 이동하는데 홀씨라고도 해요. 포자낭은 포자를 싸고 있는 주머니를 말하지요.

포자낭

왕모시풀 (쐐기풀과)

Boehmeria pannosa

높이: 80～120cm
관찰 지역: 제주(표선)

'모시풀'은 줄기 껍질을 벗겨서 만든 실로 모시를 짜는 풀이라는 뜻이며, 이보다 큰 모시 풀이라고 하여 지은 이름이에요. 바닷가에 넓게 펼쳐져 있는 바위 사이에서 주로 자라지요. 여러해살이풀로 사람의 가슴 높이까지 자라요. 잎 뒷면에는 부드러운 털이 있어요. 7～10월 에 연한 초록색 꽃이 피며 꼬리 모양으로 길게 달려요.

왕모시풀의 겨울나기

대나물(석죽과)

Gypsophila oldhamiana

높이: 50~100cm
관찰 지역: 인천(소래, 무의도, 덕적도, 백아도, 굴업도, 백령도, 대청도, 소청도, 연평도, 강화도, 석모도, 영종도, 자월도), 경기(김포, 시흥), 충남(서천, 서산), 전북(부안), 전남(신안, 진도, 여수), 제주(서귀포)

잎과 줄기가 대나무처럼 생겼고 나물로 먹을 수 있다고 하여 지은 이름이에요. 바닷가의 바위 절벽에서 무리 지어 자라요. 위쪽으로 곧게 자라며 대나무처럼 생긴 마디가 있어요. 6~7월에 가지 끝에서 흰색 꽃 여러 송이가 모여 달려요.

꽃

갯장구채 (석죽과)

Silene aprica var. oldhamiana

높이: 30~70cm
관찰 지역: 인천(석모도, 덕적도, 선갑도, 말도), 경기(화성), 충남(서산), 전북(부안), 전남(신안, 여수), 경북(울릉도), 제주(표선)

'장구채'는 악기인 장구를 닮은 풀이라는 뜻이며, 이 풀을 닮고 바닷가에 살고 있어서 지은 이름이에요. 바닷가 건조한 모래땅이나 바위 절벽 틈에서 자라요. 식물 전체에 아주 작은 털이 빽빽해요. 5~6월에 분홍색 꽃이 가지 끝에 한 송이씩 달려요. 약재로도 쓰이지요.

열매

갯까치수염 (앵초과)

Lysimachia mauritiana

높이: 10~40cm

관찰 지역: 인천(덕적도, 백아도, 연평도), 충남(태안, 서산), 전북(군산), 전남(신안), 경북(울진, 경주, 울릉도, 독도), 제주(삼양, 표선, 성산, 추자도, 마라도)

'까치수염'은 흰색 꽃이 피는 꽃차례가 까치 수염을 닮았고, 바닷가에 살고 있어서 지은 이름이에요. 햇볕이 잘 드는 바닷가 바위틈이나 모래땅에서 자라요. 줄기가 자주색을 띠고 있으며, 아래쪽에서 가지가 여러 갈래로 갈라져요. 7~8월에 가지 끝에서 흰색 꽃이 모여 피어요. 아주 작은 열매 끝부분에 작은 구멍이 생겨서 씨가 나와요.

꽃

열매

땅채송화(돌나물과)

Sedum oryzifolium

높이: 5~15cm
관찰 지역: 인천(백령도, 강화도), 강원(강릉), 전남(신안), 경북(울릉도), 제주(표선, 추자도, 마라도)

'채송화'는 채소밭에서 자라는 소나무 잎을 닮은 풀이라는 뜻이며, 채송화보다 작고 땅에 붙어 자라서 지은 이름이에요. 바닷가 바위틈에서 자라요. 두터운 가지가 옆으로 뻗어 갈라지다가 위로 곧게 자라지요. 5~7월에 가지 끝에서 별 모양의 노란색 꽃이 3~10송이씩 달려요.

꽃

109

제주찔레(장미과)

Rosa lucieae

크기: 덩굴성으로 줄기가 옆으로 길게 자람
관찰 지역: 전북(고창), 전남(영광), 경북(울릉도), 제주(표선)

'찔레'라는 이름은 가시에 찔리는 꽃이라는 뜻이에요. 바닷가 바위 절벽 틈이나 돌밭 또는 모래땅에서도 자라요. 겨울에도 식물체 일부가 시들지 않고 덩굴로 뻗어 나가며 자라지요. 줄기에는 가시가 있고, 줄기에서 나온 잎자루에 작은 잎이 7~9장씩 달려요. 5~7월에 흰색 꽃이 가지 끝에서 여러 송이 피어요. 동글동글한 열매는 가을에 빨갛게 익지요.

꽃

열매

해녀콩 (콩과)

Canavalia lineata

크기: 덩굴성으로 줄기가 옆으로 길게 자람
관찰 지역: 제주(서귀포)

제주 해녀의 삶과 닮았다는 전설에서 비롯된 이름이에요. 바닷가 바위벽을 따라서 자라요. 덩굴로 자라는 풀이고, 잎자루 하나에 잎이 3장씩 달려 있어요. 5~7월에 연한 보라색 꽃이 피며, 두툼한 꼬투리 열매가 달려요.

꽃

꼬투리 열매

111

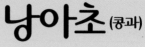

낭아초 (콩과)

Indigofera pseudotinctoria

크기: 옆으로 가지가 많이 갈라지면서 자람
관찰 지역: 제주(표선)

꽃대에 달린 꽃 모양이 이리(늑대)의 어금니를 닮았다는 한자 이름에서 비롯된 이름이에
요. 바닷가 모래땅이나 바위틈의 따뜻한 곳에서 자라요. 가을이 되면 낙엽이 지는데, 줄기
는 나무처럼 억세지만 가지 끝은 풀처럼 약해요. 잎은 아까시나무 잎처럼 달려요. 5~8월에
나비 모양의 진한 분홍색 꽃이 피며, 9~10월에 가느다란 꼬투리 열매가 달리지요.

꽃

암대극 (대극과)

Euphorbia jolkinii

높이: 5~15cm
관찰 지역: 인천(백령도), 제주(표선, 우도)

'대극'은 뿌리를 약으로 이용하는 식물로 뿌리의 쓴맛이 사람의 목을 찌를 정도라는 뜻이며, 바닷가 바위틈에서 자란다고 하여 지은 이름이에요. 바닷가 모래땅이나 바위틈에서 자라는 여러해살이 식물이에요. 조금 도톰한 잎이 줄기에 촘촘하게 나는데, 위쪽에 더 빽빽하게 많이 달려요. 5~6월에 노란색 꽃이 피어요. 줄기에 상처를 내면 끈끈한 흰색 액체가 흘러나와요.

꽃

모감주나무 (무환자나무과)

Koelreuteria paniculata

높이: 8~10m
관찰 지역: 인천(송도), 충남(태안), 경북(영일, 동해)

열매 속에 들어 있는 씨로 염주를 만든다고 하여 지은 이름이에요. 바닷가의 소금기가 있는 땅에서 잘 자라는 낙엽 지는 키가 큰 나무예요. 작은 잎 7~15장이 깃털 모양으로 달려요. 6~7월에 노란색 꽃이 가지 끝에 달리며 가운데는 빨간색을 띠고 있어요. 꽃이 예뻐서 가로수와 정원수로 많이 심지요. 열매 속에 들어 있는 검은색 씨로 염주를 만들어요.

꽃

열매

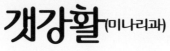

갯강활 (미나리과)

Angelica japonica

높이: 50~100cm
관찰 지역: 경북(울릉도), 제주(표선)

　'강활'이란 중국의 '강'이라는 지역에서 자라고 약재의 성질이 활발한 식물이며, 바닷가에 살고 있어 지은 이름이에요. 바닷가 절벽이나 바위틈에서 키가 크게 자라요. 줄기가 굵고 위 아래로 긴 줄무늬가 있어요. 7~8월에 초록색을 띤 흰색 꽃이 우산 모양으로 달리고, 열매 도 우산 모양으로 달려요. 줄기를 자르면 노란빛을 띤 흰색 액체가 나오며, 뿌리를 약재로 사용해요.

꽃

갯기름나물 (미나리과)

Peucedamum japonicum

높이: 50~100cm
관찰 지역: 인천(강화도, 덕적도, 백아도), 충남(서산, 태안, 보령), 전북(군산), 전남(신안, 홍도, 완도, 해남), 경북(영일, 울릉도), 부산(기장), 경남(거제, 통영), 제주(서귀포, 표선, 제주시)

'기름나물'은 잎에 기름을 바른 것처럼 윤기가 나고 나물로 먹는다는 뜻이며, 바닷가에 살고 있어서 지은 이름이에요. 바닷가 절벽이나 바위틈에서 자라요. 뿌리가 덩어리를 이루고 있어요. 줄기에서 나온 잎자루에 잎이 3장씩 달려요. 7~8월에 흰색 꽃이 우산 모양으로 달리고, 열매도 우산 모양으로 달려요. 어린잎은 나물로 먹기도 하고, 약재로도 쓰여요.

꽃

갯쑥부쟁이 (국화과)

Aster hispidus

높이: 30~60cm
관찰 지역: 인천(소래, 용유도), 충남(태안), 전남
(신안), 제주(함덕, 한경)

'쑥부쟁이'는 잎과 줄기가 쑥처럼 생겼고 부지깽이처럼 긴 막대 모양으로 자란다는 뜻이며, 바닷가에 자라서 지은 이름이에요. 바닷가 건조한 땅이나 바위틈에서 자라요. 위쪽 줄기에서 가지가 나누어져요. 7~11월에 연한 보라색 꽃이 줄기나 가지 끝에 달려요. 꽃이 예뻐서 관상용으로 심기도 해요.

꽃

해국 (국화과)

Aster spathulifolius

높이: 30~60cm
관찰 지역: 인천(덕적도, 승봉도, 이작도, 영흥도, 백령도, 대청도, 연평도), 강원(양양, 낙산), 충남(서천), 경북(울릉도), 전남(고흥, 홍도, 해남), 제주(추자도)

바닷가에서 자라는 국화라는 뜻으로 지은 이름이에요. 바닷가 절벽이나 바위틈에서 여러 대의 줄기가 뿌리에서 갈라져 나와 자라요. 두툼한 잎은 부드러운 털로 덮여 있으며, 끈적거리는 물질이 묻어 있고 향기가 아주 좋아요. 7~11월에 연한 보라색 꽃이 가지 끝에 달려요. 꽃이 예뻐서 관상용으로 심기도 해요.

꽃

씨앗

갈고둥 (갈고둥과)

Nerita japonica

패각: 높이 약 1.8cm, 너비 약 1.9cm
분포: 우리나라 전 해안

크기가 은행알 정도이고, 꼬리 쪽 꼭지가 약간 튀어나왔어요. 바위나 자갈에 붙어 살아요. 썰물 때는 여러 마리가 무리 지어 있어요. 나사 모양 층이 4층이지만, 각 층을 구별하기가 좀 어려워요. 둥글고 매끈한 껍데기는 검은색 바탕에 누런색 얼룩무늬가 불규칙하게 섞여 있어요. 몸체를 보호하는 입구는 반달 모양이지요. 바위 표면에 붙어 있는 식물을 갉아 먹고 살아요. 더운 여름에는 그늘진 곳에서 모여 살지요.

총알고둥(총알고둥과)

Littorina brevicula

패각: 높이 약 1.4cm, 너비 약 1.2cm
분포: 우리나라 전 해안

꼭지에서 보면 마치 총알처럼 생겼다고 해서 붙인 이름이에요. 우리나라 바위 해안의 대표적인 생물이에요. 껍데기는 단단하고 두꺼우며, 표면에 아주 세밀한 골이 나 있고 흰색 점이 박혀 있어요. 낮은 원뿔 모양이며 나사 모양 층이 6층이에요. 껍데기 쪽 입구는 사각형이고, 회색빛을 띤 갈색 또는 검은빛을 띤 갈색 바탕에 다양한 무늬가 흩어져 있지요. 바위틈이나 그늘진 곳에 많은 수가 무리 지어서 살아요. 습기가 없는 마른 곳에서도 잘 견뎌요.

둥근얼룩총알고둥 (총알고둥과)

Littoraria articulata

패각: 높이 약 1.8cm, 너비 약 1cm
분포: 서해안, 남해안

껍데기는 누런빛을 띤 흰색 바탕에 연한 황갈색 줄무늬가 얼룩얼룩 흩어져 있어요. 나사 모양의 껍데기 중간 부분이 부풀어 있으며 원뿔 모양이에요. 꼭지 부분은 주로 짙은 녹색을 띠지요. 총알고둥과 같이 섞여 있기도 해요. 바위틈에 무리 지어 살며, 물기가 없어도 잘 견뎌요.

눈알고둥(소라과)

Lunella correensis

패각: 높이 약 3cm, 너비 약 2.9cm
분포: 우리나라 전 해안

몸체를 보호하는 입구의 뚜껑을 닫으면 눈알 모양이라서 붙인 이름이에요. 껍데기 색은 보통 갈색을 띠어요. 바위나 돌 밑, 고인 물이 있는 곳에 살면서 표면에 미세한 녹색 식물로 덮여 있기도 해요. 껍데기는 둥글넓적한 낮은 원뿔 모양이며 두껍고 단단해요.

보말고둥(구멍밤고둥과)

Omphalius rusticus

패각: 높이 약 2.5cm, 너비 약 2.6cm
분포: 서해안, 남해안,

바위 밑이나 자갈과 잔돌이 있는 곳에서 주로 살아요. 나사 모양 층이 8층이고 높은 원뿔 모양이에요. 껍데기는 두껍고 단단하며 짙은 회색 바탕에 검은색 무늬가 섞여 있어요. 두툼한 아랫부분은 삐뚤삐뚤한 밭고랑처럼 보이는 나사 모양 층에 세로줄이 거칠게 새겨져 있지요. 나머지 층에는 가느다란 성장선이 가로줄로 비스듬하게 엇갈려 있어요. 제주도 사투리로 바다고둥을 통틀어 '보말'이라고 하지요.

개울타리고둥(밤고둥과)
Monodonta confusa

패각: 높이 약 2.6cm, 너비 약 2.3cm
분포: 서해안, 남해안, 제주도 해안

껍데기 전체가 마치 사각형의 작은 벽돌을 쌓아 울타리로 만든 것처럼 보여 붙인 이름이에요. 껍데기가 두껍고 단단하며, 나사 모양 층이 7층이며 원뿔 모양이지요. 짙은 녹색과 누런빛을 띤 갈색 무늬가 불규칙하게 섞여 있어요. 갯벌 윗부분에서 바닷물의 영향을 적게 받는 그늘진 바위틈이나 자갈 바닥에 모여 살지요.

피뿔고둥(뿔소라과)

Rapana venosa

패각: 높이 약 15cm, 너비 약 12cm
분포: 경기, 충남, 전남, 전북 해안

누런빛을 띤 흰색 바탕에 붉은빛을 띤 갈색 점무늬가 있지요. 껍데기가 두껍고 단단하며 무거워요. 시장에서 흔히 만날 수 있는 고둥이에요. 흔히 '소라'라고 부르지만, 소라는 깊은 바다에 살며 껍데기 둘레에 여러 개의 뿔(극)이 있지요. 민물이 섞이는 바닷가 수심 20미터 이내의 얕은 모래땅이나 바위 밑에서 살아요. 비어 있는 껍데기에 주꾸미가 집으로 사용하거나 알을 낳기도 해요.

대수리 (뿔소라과)
Reishia clavigera

패각: 높이 약 2.2cm, 너비 약 2cm
분포: 우리나라 전 해안

　가장 흔하며 숫자가 많다고 해서 붙인 이름이지요. 바위를 뒤덮을 만큼 매우 많은 수가 무리 지어 살아요. 껍데기는 검은색 또는 검은빛을 띤 갈색이에요. 표면에 울퉁불퉁한 혹이 나 있어요. 물이 빠진 그늘진 바위나 그 틈에 무리 지어 살지요. 조개 등의 껍데기에 구멍을 뚫고 살을 먹는 육식성이에요. 쓴맛이 나며 여름철에 내장까지 먹으면 배탈이 나기도 해요. 매운맛과 복통을 일으키는 성질이 있어서 '배아픈고둥'이라고 불러요.

맵사리 (뿔소라과)

Ceratostoma rorifluum

패각: 높이 약 4cm, 너비 약 2.2cm
분포: 우리나라 전 해안

삶아 먹으면 약간 매운맛이 난다고 해서 붙인 이름이지요. 많이 먹으면 배가 아파요. 껍데기가 두껍고 단단하며 나사 모양 층이 7층이에요. 표면에 검은색 또는 갈색의 굵은 세로 주름이 있지만 자라면서 닳아 없어져요. 주로 갯벌 아랫부분에 살아요. 갯벌 윗부분에서는 바닷물이 맑은 바위 해안에서 볼 수 있어요. 주로 밤에 활동하며, 낮에는 바위틈이나 돌 밑에 숨어 지내지요.

배무래기 (두드럭배말과)

Nipponacmea schrenckii

패각: 높이 약 0.5cm, 길이 약 3cm, 너비
약 2cm
분포: 우리나라 전 해안

생김새는 납작한 삿갓 모양이에요. 꼭지는 끝이 뾰족하고 한쪽으로 심하게 치우쳐 굽어 있지요. 폭보다 높이가 낮아요. 어린 개체의 껍데기에는 회색빛을 띤 갈색, 녹색 등 색깔이 다양한 방사륵이 많지만, 어른이 되면 사라져서 매끈해져요. 껍데기에 검은색과 연한 색의 작은 점무늬가 많아요. 바닷물이 맑은 바위 해안의 둥근 바위나 큰 자갈 밑에 붙어 있어요. 바위에 붙어 있는 식물을 긁어 먹고 건조에도 잘 견디며, 건드리면 바위에 더 달라붙어 손으로 떼어 내기 힘들어요.

*방사륵: 조개 따위의 껍데기 겉면에 부챗살처럼 퍼진 골이나 줄기를 가리켜요.

흰삿갓조개 (두드럭배말과)

Niveotectura pallida

패각: 길이 약 6cm, 높이 약 3.6cm, 너비 약 5cm
분포: 서해안, 남해안

껍데기 꼭지가 높이 솟아 있고, 흰색 또는 옅은 누런빛을 띠는 삿갓 모양에서 이름을 붙였어요. 삿갓조개류 중에서 가장 커요. 꼭지는 껍데기의 가운데에서 조금 앞쪽으로 치우쳐 있어요. 생김새는 타원형으로 꼭지 뒤쪽이 조금 넓어요. 껍데기 꼭지에서 가장자리까지 굵은 세로줄이 20여 줄 있어요. 껍데기에 해조류, 따개비 등이 많이 달라붙어 있지요.

바위 해안

꽃고랑딱개비 (고랑딱개비과)

Siphonaria sirius

패각: 길이 약 1.5cm, 높이 약 0.4cm, 너비 약 1.4cm

분포: 서해 남부, 남해안, 제주도 해안

딱개비(따개비)는 바위에 딱지처럼 붙어 있는 모양을 본뜬 이름이라고 하며, 위에서 보면 마치 꽃 모양의 따개비 같아서 붙인 이름이에요. 검은빛을 띤 갈색이나 누런빛을 띤 갈색의 껍데기는 키가 작은 삿갓 모양이고, 바위에 붙은 밑면은 각이 진 타원형이에요. 꼭지에서 밑면까지 뻗은 흰색 가로줄이 5~6줄 있어요. 쉽게 부서지는 껍데기의 가장자리는 둥글지만 매끄럽지는 않아요. 거북손 무리가 모여 있는 주변이나 얕은 웅덩이, 바닷물이 낮게 고인 바위에서 주로 살아요.

130

군부 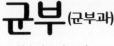(군부과)

Liolophura japonica

크기: 길이 약 5.5cm, 너비 약 0.6cm
분포: 충남, 남해안, 동해안

움직임이 매우 느려요. 8장의 판이 기왓장처럼 포개진 등 껍데기에는 회색빛을 띤 갈색 바탕에 검은빛을 띤 갈색 무늬가 있어요. '딱지조개'라고도 해요. 비늘로 되어 있는 등 껍데기는 군데군데 닳아서 올록볼록해요. 껍데기로 둘러싸인 두툼한 육질 부분은 주로 옅은 붉은빛을 띤 갈색이며 흰색 띠가 있어요. 여기에 짧고 단단한 가시 모양의 혹들이 있지요. 껍데기가 나누어져 있어 활처럼 몸을 굽힐 수도 있어요. 울퉁불퉁한 바위에 잘 붙어 있어 파도에 휩쓸리거나 적으로부터 자신을 보호하는 데 유리해요.

연두군부 (연두군부과)

Ischnochiton comptus

크기: 길이 약 2.3cm, 너비 약 1.3cm
분포: 충남, 남해, 제주도 해안

생김새는 길쭉한 동그라미 모양이에요. 몸통은 납작한 편이지요. 등 껍데기는 기왓장 같은 8장의 판으로 되어 있어요. 껍데기는 짙은 밤색에서 갈색까지 여러 가지 색을 띠지요. 등이 펑퍼짐해서 껍데기를 둘러싼 육질 부분이 얇아요. 머리 판과 꼬리 판에 작은 알갱이들이 수십 개씩 퍼져 있어요. 군부보다는 크기가 작고 몸도 얇고 가늘어요. 수심이 얕은 곳에서 바위를 들추면 여러 개체가 달라붙어 있는 것을 볼 수 있지요.

털군부 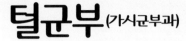(가시군부과)

Acanthochitona defilippii

크기: 길이 약 4~5cm, 너비 약 4cm
분포: 우리나라 전 해안

몸통 가장자리(육질 부분)에 털 묶음이 있어서 붙인 이름이에요. 털 묶음이 9쌍 있지요. 등 껍데기의 폭이 좁지만, 몸 아래 육질 부분은 폭이 넓어요. 등 껍데기는 어두운 갈색 또는 어두운 청색을 띠어요. 육질 부분은 초록빛을 띤 갈색이에요. 굴이나 따개비, 바위의 파인 틈에서 주로 찾을 수 있지요. 물이 빠지는 썰물 때는 그늘진 바위틈에 달라붙어 있어요. 바위를 천천히 기어다니면서 바위 표면의 식물을 긁아 먹지요.

굴 (굴과)

Magallana gigas

패각: 길이 약 5cm, 높이 약 10cm
분포: 서해안, 남해안

바위에 붙어 사는 꽃이라고 해서 '석화(石花)'라고도 해요. 껍데기 모양은 불규칙하고 일정하지 않아요. 껍데기 한쪽은 바위에 붙어 있고, 한쪽은 얇은 껍데기가 겹겹이 포개져 있어요. 가장자리에는 주름이 있지요. 암컷과 수컷이 번갈아 나타나는 암수한몸이에요. 플랑크톤을 걸러 먹으며, 영양가가 풍부해서 '바다의 우유'라고 해요.

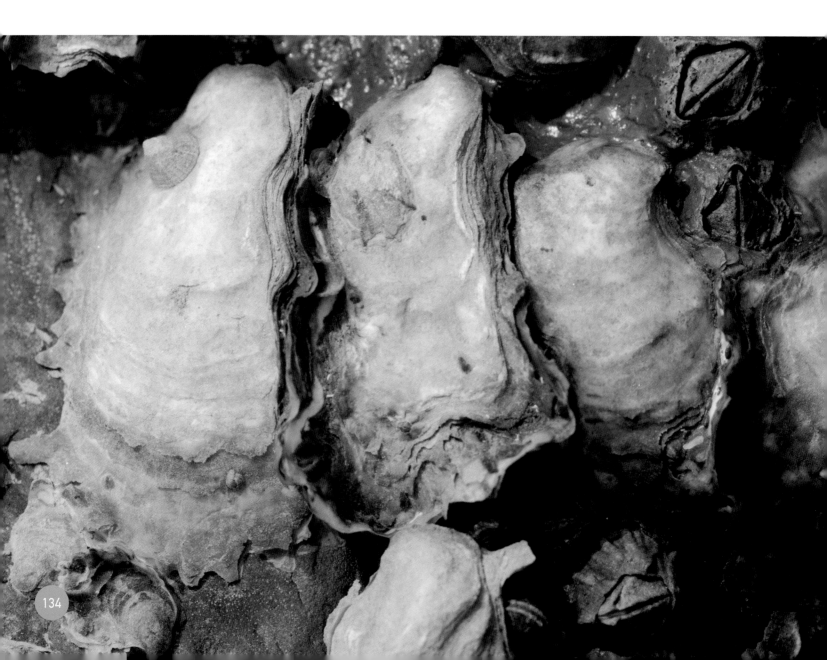

굵은줄격판담치 (홍합과)

Mytilisepta virgata

패각: 길이 약 4cm, 높이 약 3cm
분포: 우리나라 전 해안

붉은빛을 띤 조개류인 홍합의 속살을 말리면 맛이 담백하다는 담치 종류 중에서 크기가 가장 작아요. 실처럼 생긴 분비물(족사)로 강한 파도에도 끄떡없이 바위에 단단히 붙어서 무리 지어 살아요. 껍데기 표면은 검은색이지만, 표면이 벗겨지면 회색빛을 띤 갈색 또는 붉은 빛을 띤 자주색이 드러나기도 하지요. 안쪽은 진줏빛 광택이 있어요. 따개비, 굴 무리와 함께 바위에 오종종하게 붙어 살면서 대수리 같은 육식성 고둥 무리의 먹이가 되어요.

지중해담치 (홍합과)

Mytilus galloprovincialis

패각: 길이 약 7cm, 높이 약 4cm
분포: 우리나라 전 해안

　지중해에서 들어온 담치라서 붙인 이름이에요. 예전에는 진주담치라고 알려졌어요. 끝부분이 삼각형이에요. 달걀 모양의 껍데기는 앞쪽이 좁고 뒤쪽으로 갈수록 넓어져요. 가장자리 끝부분이 곧고 날씬하며 검은빛을 띤 보라색 광택이 있어요. 홍합보다는 작고, 껍데기가 얇으며 깨끗한 편이에요. 족사를 양식장이나 해상의 밧줄과 구조물에 붙이고 살지요.

파래가리비 (가리비과)

Chlamys farreri

패각: 길이 약 5~7cm, 너비는 길이와 비슷
분포: 경기만, 충남, 남해, 동해

예전에는 '비단가리비'로 기록되었지요. 지금은 '백령도 가리비'로도 유명해요. 부채꼴 모양의 껍데기는 짙은 갈색, 붉은빛을 띤 자주색이지요. 맛이 달고 부드러워요. 굵은 세로줄 사이사이에 가느다란 세로줄도 있어요. 동해에서는 깊이 10미터 안팎의 모랫바닥에 얕게 파고들어 살고, 서해안에서는 깊이 20미터 안팎의 바위에 족사를 붙여서 산다고 해요.

담황줄말미잘(줄말미잘과)

Diadumene lineata

크기: 높이 약 2cm, 너비 1~1.5cm
분포: 우리나라 전 해안

몸통은 짙은 녹색이며, 담황색(옅은 누런색) 세로줄 무늬가 선명하게 있어서 붙인 이름이에요. 줄무늬가 전혀 없거나 오렌지빛을 띠기도 해요. 우리나라에서 가장 흔하게 볼 수 있는 말미잘이에요. '오렌지줄말미잘'이라고도 해요. 바위, 항구나 양식장의 밧줄, 바닷물이 고여 있는 웅덩이에 무리 지어 있는 것을 볼 수 있어요. 많은 수가 무리를 이루고 있으면 꽃밭처럼 보이기도 하지요. 우리나라 해안은 물론 전 세계 해안에 분포해요.

풀색꽃해변말미잘 (해변말미잘과)

Anthopleura fuscoviridis

크기: 높이 약 4~6cm,
너비 약 3.5cm
분포: 우리나라 전 해안

연한 갈색 또는 분홍색 촉수를 펼치고 있으면 마치 꽃이 피어 있는 것처럼 보여요. 촉수에 먹이가 들어오면 몸 전체를 동그랗게 오므려 촉수를 몸속으로 말아 넣으면서 먹이를 사냥해요. 몸 색은 개체에 따라 차이가 있지만 보통 풀색을 띠어요. 몸통에 조개껍데기나 모래 알갱이가 붙어 있어요. 몸을 움츠릴 때는 이것들에 가려 몸통이 거의 보이지 않아요. 썰물 때 물이 고인 웅덩이에서 볼 수 있지요.

보라성게 (만두성게과)

Heliocidaris crassispina

크기: 약 5cm 정도
분포: 우리나라 전 해안

성게 중에서 껍데기와 가시가 모두 짙은 보라색을 띠어 붙인 이름이지요. 길고 억센 가시들이 밤송이처럼 돋아 있어요. 겉껍질을 잘 벗겨 놓으면 줄무늬 5줄을 또렷하게 관찰할 수 있어요. 생김새는 공을 반으로 자른 모양이며 단단해요. 밤송이처럼 생긴 큰 가시의 길이는 껍데기의 지름 길이와 거의 비슷해요. 성게 무리는 바위틈에 머물다가 밤이면 기어 나와 감태나 미역 따위의 해조류를 갉아 먹어요. 별미 음식인 성게알은 날로 먹거나 국으로 끓여 먹지요.

우렁쉥이 (멍게과)

Halocynthia roretzi

크기: 약 10~18cm
분포: 남해, 동해, 제주도 해안

흔히 '멍게'라고 부르는데, 요즘은 두 이름 모두 표준어로 삼아요. 생김새에 빗대어 '바다의 파인애플'이라고도 해요. 영어 이름은 '바다의 물총'이라는 뜻이지요.

타원형의 몸통은 붉은색 또는 주황색이며, 딱딱하고 두꺼운 껍질에 싸여 있어요. 도톰한 돌기가 많이 나 있고, 바위에 붙어 살지요. 몸 위쪽에는 물을 빨아들이는 구멍(입수공)이 있고, 그 아래쪽으로 물을 내뿜는 구멍(출수공)이 있어요.

거북손 (부처손과)

Capitulum mitella

크기: 약 3~4cm
분포: 서해 여러 섬, 남해

머리의 생김새가 마치 거북의 손을 닮아 붙인 이름이지요. 몸에서 분비한 석회질로 만들어진 머리는 5개의 세모꼴 판으로 이루어졌어요. 그 아래 자루는 타원형으로 유자 껍질처럼 생긴 비늘로 덮여 있지요. 머리 쪽에서 갈고리와 같은 다리(만각)를 이용하여 밀물 때 플랑크톤을 걸러 먹어요. 게나 새우와 비슷한 맛이에요. 바닷물이 맑은 바위 해안에 주로 살아요.

검은큰따개비 (사각따개비과)

Tetraclita japonica

패각: 밑판 너비 약 2~3cm
분포: 서해 여러 섬, 남해, 강원 남부 해안

위에서 볼 때 생김새가 화산의 분화구 같고, 옆에서 볼 때는 원뿔 모양이지요. 껍데기 색은 진한 회색 또는 회색빛을 띤 갈색이며 표면이 거칠고 울퉁불퉁해요. 따개비 무리 가운데 대형 종이지요. 밀물 때에는 커다란 구멍으로 덩굴 모양의 다리(만각)를 뻗어 플랑크톤을 걸러 먹어요. 썰물 때에는 2장의 단단한 뚜껑을 오므리고 수분이 빠져나가지 않게 해요. 바닷물이 맑은 곳의 바위에 단단하게 붙어서 무리 지어 살지요.

검은큰따개비 (사각따개비과)

고랑따개비 (따개비과)

Fistulobalanus albicostatus

패각: 밑판 너비 약 1~2cm
분포: 서해안, 남해안, 포항 이남 동해안

껍데기 표면에 회색이나 자주색 세로줄 고랑이 있어요. 생김새는 원기둥 모양에 가까운 원뿔 모양이지요. 바위뿐만 아니라 조개껍데기, 배의 밑, 목재 등 항구의 시설물에 붙어서 살아요. 육지의 물이 흘러드는 곳에도 많이 보이지요. 서해안에서 많이 보이는 따개비 무리로, 남해안에서도 만날 수 있어요.

조무래기따개비 (조무래기따개비과)

Chthamalus challengeri

패각: 밑판 너비 약 0.8~1cm
분포: 우리나라 전 해안

이름처럼 크기가 작아서 이름을 붙였어요. 무리를 이루어 바위를 빽빽하게 뒤덮지요. 바닷물의 영향을 가장 적게 받는 육지와 가까운 곳에서 살아요. 껍데기가 납작하고 울퉁불퉁하며 회색을 띠어요. 물 밖으로 드러나면 물기가 증발하지 않게 껍데기 입구를 막고서 잘 견뎌요. 밀물 때 바닷물이 꽉 차게 들어올 때(만조)나 파도가 강해 물보라 현상이 일어나면 덩굴 모양의 다리(만각)로 물속의 플랑크톤을 걸러 먹어요.

꽃부채게 (부채게과)

Macromedaeus distinguendus

등딱지: 길이 약 1.7cm, 너비 약 2.5cm
분포: 우리나라 전 해안

생김새가 부채 모양이고, 튀어나온 이마의 흰색 혹들이 마치 꽃 모양 같아요. 등딱지가 울퉁불퉁하고, 볼록한 부분에 알갱이들이 가로로 줄지어 있어 주름진 것처럼 보여요. 두 집게다리 중에서 오른쪽이 크며, 두툼하고 억세게 생겼어요. 걷는다리들은 집게다리보다 짧은 편이에요. 각각 다리 끝이 뾰족하지요. 바위틈, 빈 굴 껍데기 속에서 살아요.

풀게 (참게과)

Hemigrapsus penicillatus

등딱지: 길이 약 2.4cm, 너비 약 2.7cm
분포: 우리나라 전 해안

뒷부분이 살짝 좁은 사각형의 등딱지는 약간 볼록하고 울퉁불퉁하게 보이지요. 옆 가장자리에 이빨 모양의 가시가 3개 있어요. 두 집게다리는 크기가 같아 대칭을 이루며, 수컷은 집게다리 양쪽에 털 다발이 있는 것이 특징이에요. 환경에 따라 위장을 하고 있어서 생김새나 색이 많이 달라 자세히 살펴봐야 해요. 납작게와 매우 비슷하게 생겼지만 턱이 가로로 갈라져 있어요. 우리나라 바위 해안에서 흔하게 보여요.

무늬발게 (참게과)

Hemigrapsus sanguineus

등딱지: 길이 약 2.8cm, 너비 약 3.2cm
분포: 우리나라 전 해안

걷는다리에 붉은빛을 띤 자주색 점들이 모여 줄무늬를 이루고 있어서 붙인 이름이에요. 등딱지는 사각형에 가깝고 너비가 길이보다 조금 더 길지요. 털이 없이 매끈한 등딱지는 초록빛을 띤 갈색 또는 누런빛을 띤 갈색이고, 붉은빛을 띤 자주색의 크고 작은 점무늬가 흩어져 있어요. 옆 가장자리에 이빨 모양의 넓은 가시가 3개 있어요. 미국과 유럽에서 들어온 외래종이에요.

사각게 (사각게과)

Parasesarma pictum

등딱지: 길이 약 1.3cm, 너비 약 1.4cm
분포: 우리나라 전 해안

등딱지의 모양이 사각형이라서 붙인 이름이에요. 이마 중간이 조금 오목해요. 몸은 갈색과 검은색이 어우러져 있지만, 색과 무늬가 매우 다양하지요. 걷는다리에 길고 뻣뻣한 털이 있어요. 바닷물의 영향을 받지 않는 바위 해안 윗부분의 육지와 가까운 곳에서 주로 살아요. 행동이 민첩하지 않아 가까이 다가가서 자세히 볼 수 있어요.

갯강구 (갯강구과)
Ligia exotica

몸길이: 약 3~4.5cm
분포: 우리나라 전 해안

강구는 바퀴(벌레)를 가리키는 경상도 사투리이며, 보통 '바다 바퀴벌레'라고 해요. 몸은 누런빛을 띤 갈색 또는 검은빛을 띤 갈색이지요. 겹눈이 주변 움직임에 매우 민감해요. 머리에는 더듬이가 한 쌍 있고, 붓끝 모양의 꼬리마디가 두 갈래로 갈라졌어요. 더듬이와 꼬리마디를 끊임없이 흔들어 대면서 먹이 위치, 적의 움직임을 알아채요. 바닷가 바위나 축축한 곳에서 수십 마리씩 무리 지어 살아요. 움직임이 매우 빠르고, 썩은 것을 먹어 치워 바위 해안을 깨끗하게 해요.

불등풀가사리 (풀가사리과)

Gloiopeltis furcata

크기: 높이 약 5~10cm, 굵기 약 0.2~0.5cm
분포: 우리나라 전 해안

붉은빛을 띠는 해조류예요. 바위 해안 윗부분의 얕은 바닷가에서도 잘 자라요. 짙은 갈색, 붉은색을 띠며, 만지면 끈적끈적해요. 원기둥 모양의 줄기에서 불규칙하게 Y 자 모양으로 가지가 나누어져요. 줄기가 짧으며, 끝부분이 뾰족하고 가지 중간이 볼록 튀어나와 부풀어 오른 것 같아요. 줄기는 가죽처럼 질기고 속이 비어 있어 누르면 탱글탱글한 탄력이 느껴져요.

작은구슬산호말 (산호말과)

Corallina pilulifera

크기: 높이 약 3~4cm, 굵기 약 0.2~0.4cm
분포: 경기만, 충남, 남해

흰색을 띤 가지 맨 끝 가장자리가 마치 작은 구슬이 붙은 산호처럼 보여서 붙인 이름이에요. 바닷가 웅덩이에서 무리 지어 살아요. 막대 모양의 줄기에서 작은 가지들이 위로 갈수록 넓고 납작하게 퍼져 부채 모양을 이루지요. 그 모습이 마치 납작한 향나무 잎처럼 보여요. 백화현상(갯녹음)이 진행되는 곳에서 주로 발견되기 때문에 기후변화를 알 수 있는 생물 지표종이지요.

***백화현상(갯녹음):** 바닷가 연안 바위 지역에서 해조류(바닷속에서 자라는 식물을 전체적으로 이르는 말로 바닷말이라고도 해요)가 사라지고 흰색의 석회 조류(산호말)가 달라붙어 바위 지역이 흰색으로 변하는 것이에요. 이에 따라 엽록소(녹색 색소)를 만드는 데 필요한 빛이나 철, 마그네슘 등이 부족하여 식물체가 하얗게 변하거나 색이 엷어지는 현상이지요.

지충이 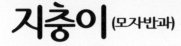(모자반과)

Sargassum thunbergii

크기: 높이 약 30~100cm, 굵기 약 0.2~0.3cm
분포: 우리나라 전 해안

검은빛을 띤 갈색으로 큰 해조류(바닷말)예요. 몸체는 곧게 뻗는 중심 가지와 불규칙하게 생기는 곁가지로 되어 있어요. 원기둥 모양의 줄기에서 여러 가닥의 중심 가지가 끈 모양으로 뻗지요. 이 가지에서 짧은 가지가 나고, 그 짧은 가지에서 작은 잎이 뭉쳐나요. 물 밖에서는 중심 가지 하나하나가 마치 밧줄이 늘어져 있는 것처럼 보여요. 잎과 줄기는 탄력이 있고 단단한 느낌이에요. 줄기 끝부분은 살짝 데쳐서 양념을 찍어 먹기도 해요. 기후변화를 알 수 있는 생물지표종이지요.

톳(모자반과)

Sargassum fusiforme

크기: 높이 약 20∼100cm, 굵기 약 0.2∼0.3cm
분포: 우리나라 전 해안

해조류의 갈조류에 속하며 '톳나물'이라고도 해요. 파도가 심하지 않고 얕은 바닷가에서 큰 무리를 이루며 자라요. 가지에서 뻗은 작은 잎은 곤봉 모양 또는 주걱 모양이지요. 자라는 모양이 마치 사슴 꼬리와 비슷해요. 무쳐 먹으면 오도독오도독 씹히는 식감이 있어 맛있어요. 식량이 부족했던 시절에는 곡식과 섞어 톳밥을 지어 먹었다고 하지요. 5∼8월에 성숙하며, 제주도에서는 2∼3미터 이상 자라기도 해요.

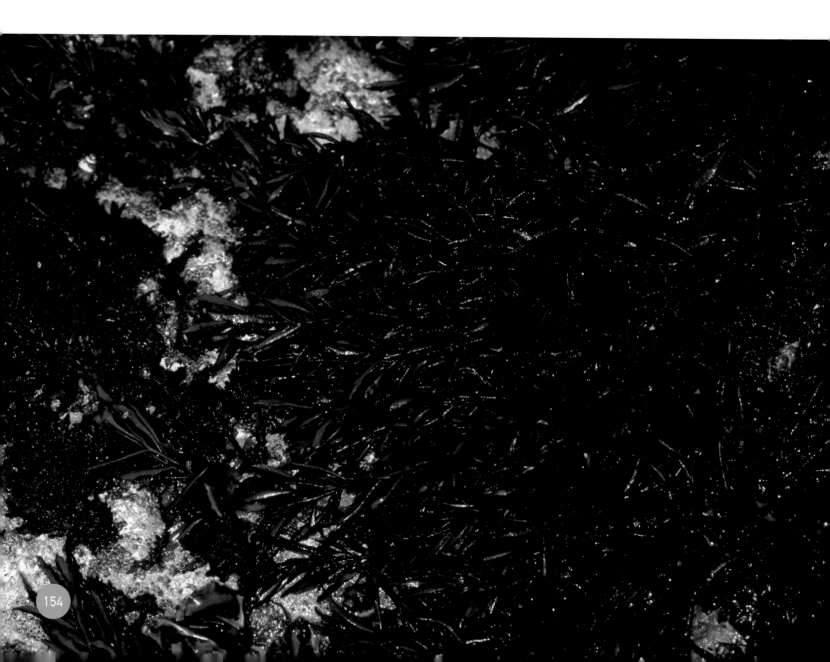

청각 ^(청각과)

Codium fragile

크기: 높이 약 10~30cm, 굵기 약 0.15~0.3cm
분포: 우리나라 전 해안

원기둥 모양의 짙은 녹색 가지가 사슴뿔 모양으로 갈라져서 붙인 이름이에요. Y 자 모양으로 2갈래로 갈라진 가지들이 부채꼴을 이루며 40센티미터까지 자라요. 만지면 감촉이 폭신하고 매끄러워요. 겨울이 되면 시든 가지가 떨어져 나가요. 떨어진 가지가 물에 떠다니다가 바위에 붙으면 청각으로 다시 자라지요. 김장할 때 양념에 넣기도 해요. 기후변화를 알려주는 생물지표종이에요.

가시파래 (갈파래과)

Ulva prolifera

길이: 10~30cm 안팎
분포: 우리나라 전 해안

녹조류에 속하며, 원기둥 모양으로 자라요. 줄기에서 수많은 곁가지가 나오고, 다시 실처럼 가느다란 작은 가지들이 나와요. 웅덩이나 바위, 자갈 위, 말뚝 따위에 붙어서 무리를 이루어요. 민물이 흘러드는 곳에서 잘 자라고 오염에도 강하지요. 가을에서 이듬해 봄까지 무성하게 자라요. 무침이나 부침개로 많이 먹지요. 우리나라 모든 연안에서 볼 수 있고, 특히 서해안과 남해안에서 큰 규모로 자라요.

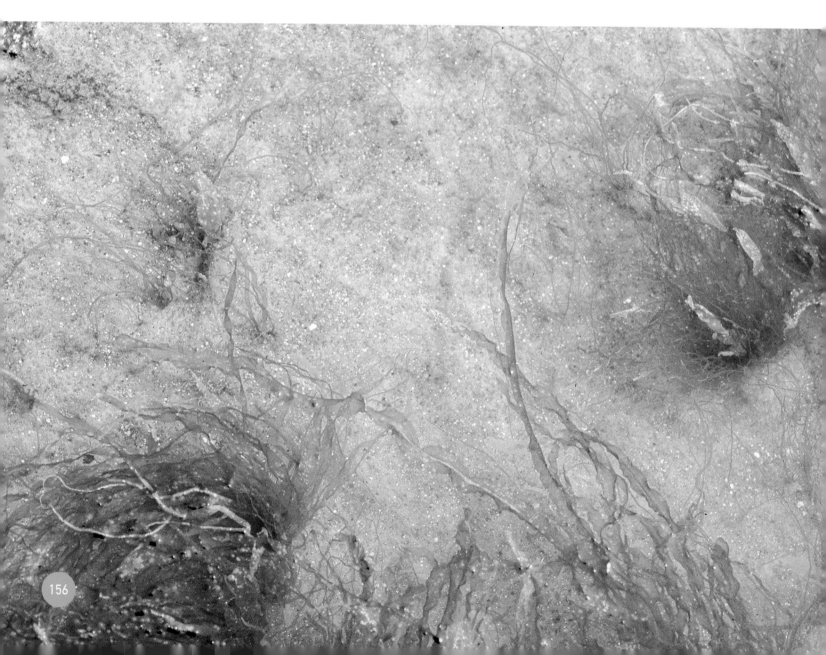

청둥오리 (오리과)

Anas platyrhynchos

몸길이: 50~60cm
도래 시기: 1년 내내

'청둥'은 수컷의 녹색 머리를 가리켜요. 부리는 노란색이고, 녹색 머리가 햇빛을 받으면 반짝거려요. 암컷은 몸 깃털이 갈색과 노란색이 어우러지고, 부리는 주황색에 검은색 얼룩이 있지요. 넓은 호수나 강, 바다에서 곡식, 씨앗, 물고기, 새우, 갯지렁이 등을 먹고 살아요. 기후변화 생물지표종으로 지정하여 관리하고 있어요.

암컷

홍머리오리 (오리과)

Mareca penelope

몸길이: 42~50cm
도래 시기: 10월~이듬해 4월

수컷의 머리가 붉은빛이 도는 갈색이라 붙인 이름이에요. 수컷은 이마가 흰색에 가까운 노란색이고 가슴은 분홍빛을 띠는 것이 특징이지요. 암컷은 붉은빛과 검은빛을 띤 갈색의 얼룩무늬가 있어요. 하구와 갯벌, 바위 해안에서 식물의 잎과 씨앗, 물풀을 먹고 살아요.

암컷

흰죽지 (오리과)

Aythya ferina

몸길이: 42~45cm
도래 시기: 10월~이듬해 4월

'죽지'는 날개가 몸에 붙은 부분을 가리키며, 이 부분이 흰색을 띠어서 붙인 이름이에요. 수컷의 머리는 붉은빛을 띤 갈색, 부리는 검은색에 가운데 회색 띠가 특징이지요. 호수나 해안에서 잠수하여 물풀을 뜯어 먹거나 작은 물고기나 새우 등을 먹고 살아요.

암컷

159

댕기흰죽지 (오리과)

Aythya fuligula

몸길이: 40cm
도래 시기: 10월~이듬해 4월

머리 뒤쪽으로 늘어진 깃이 댕기 같아 붙인 이름이에요. 이름처럼 머리 뒤쪽으로 몇 가닥의 검은색 댕기 깃과 노란색의 홍채, 푸른빛을 띤 회색 부리가 특징이지요. 수컷은 등과 머리가 검은색, 배와 옆구리가 흰색으로 대비를 이루며, 암컷은 옆구리가 어두운 갈색이에요. 하천, 해안 등에서 잠수하여 작은 물고기, 게, 새우, 조개 등을 먹어요.

수컷

암컷

검은머리흰죽지 (오리과)

Aythya marila

몸길이: 42~51cm
도래 시기: 10월~이듬해 3월

수컷의 머리가 검고 죽지가 흰색이라 붙인 이름이에요. 댕기흰죽지와 비슷하지만 댕기 깃이 없어요. 암컷은 검은빛을 띤 갈색에 부리 주변이 흰색이지요. 하천, 해안 등에서 잠수하여 작은 물고기, 게, 새우, 조개 등을 잡아먹어요.

암컷

수컷

흰줄박이오리(오리과)

Histrionicus histrionicus

몸길이: 43cm
도래 시기: 10월~이듬해 3월

수컷의 얼굴과 가슴, 어깨에 흰색 줄무늬가 있어서 붙인 이름이에요. 수컷은 광택을 띤 어두운 청회색 몸에 흰색 줄무늬와 흰색 이마가 특징이에요. 암컷은 온몸이 어두운 갈색을 띠고 눈 주위에 있는 흰색 점이 특징이지요. 해안의 바위에 올라가 쉬다가 잠수하여 암초나 돌 틈에 살고 있는 새우, 조개 등을 잡아먹으며 살아요.

암컷

수컷

흰뺨오리 (오리과)

Bucephala clangula

몸길이: 45cm
도래 시기: 10월~이듬해 3월

수컷의 뺨에 희고 둥근 무늬가 있어서 붙인 이름이에요. 여느 오리류보다 머리가 크고 목이 짧아 보여요. 영어 이름은 '황금빛 눈(Goldeneye)'이라고 하는데 노란색 홍채에 빗대어 붙인 이름이지요. 암컷은 머리가 갈색이고 몸은 회색빛을 띤 갈색에 목에 흰색 띠가 있어요. 주로 하구나 해안에서 잠수하여 새우, 조개, 작은 물고기 등을 잡아먹어요.

암컷

163

흰비오리 (오리과)

Mergellus albellus

몸길이: 42cm
도래 시기: 10월~이듬해 3월

수컷은 온몸이 흰색이고 뒤통수에 난 댕기 깃이 마치 빗은 것처럼 가지런해서 '빗오리'라고
했던 것에서 바뀐 이름이에요. 부리와 다리는 회색이고 등과 가슴에 검은색 줄무늬가 있는
것이 특징이지요. 암컷은 몸 깃털이 회색이고 갈색 머리와 흰색 뺨이 특징이에요. 하구, 해안
등에서 잠수하여 작은 물고기, 새우, 게 등을 먹어요.

암컷

바다비오리 (오리과)

Mergus serrator

몸길이: 52~58cm
도래 시기: 10~이듬해 4월

바다에 살며 뒤통수에 난 댕기 깃이 빗은 것처럼 가지런해서 붙인 이름이에요. 수컷의 머리는 녹색을 띠는 검은색이고, 암컷의 머리는 연한 갈색을 띠는 것이 특징이지요. 머리에 뾰족한 댕기 깃이 갈라져 있고, 부리와 홍채는 붉은색을 띠어요. 해안에서 잠수하여 물고기를 먹고 살아요.

암컷

아비 (아비과)

Gavia stellata

몸길이: 61~68cm
도래 시기: 11월~이듬해 3월

부리가 가늘고 위로 조금 휘어져 있어 멀리서도 알아볼 수 있어요. 일본에서 부르는 이름을 따왔다고 해요. 바닷가에서 거의 물에 떠서 지내지요. 등과 날개는 검은빛을 띤 갈색이고 흰색 점들이 흩어져 있는 것이 특징이에요. 잠수하여 어류, 게, 새우, 해삼, 불가사리, 멍게류를 먹어요.

해양보호생물로 지정되어 우리 모두 보호해야 해요.

겨울깃

회색머리아비 (아비과)

Gavia pacifica

몸길이: 62~70cm
도래시기: 11월~이듬해 3월

머리가 회색을 띠어 붙인 이름이지만 머리 색깔로 아비류의 종을 구별하기가 어려워요. 아비와 달리 부리가 곧고 멱(목 앞쪽)에 검은색 줄무늬가 특징이에요. 수심이 깊은 먼바다에서 주로 보이지만 요즘은 해안 가까이에서 자주 볼 수 있지요. 잠수하여 어류, 게, 새우, 해삼, 불가사리, 멍게류를 먹어요.

겨울깃

가마우지 (가마우지과)

Phalacrocorax capillatus

몸길이: 80~92cm
도래 시기: 1년 내내

　검다는 뜻인 '가마'와 깃털을 뜻하는 '우지'를 합친 이름으로 '깃털이 검은 새'라는 뜻이에요. 온몸이 검은색이고 물에 젖은 깃털을 바위 위에서 날개를 펴고 말리지요. 깃털에 기름기가 없어서 잠수를 해도 물 밖으로 잘 떠오르지 않아 물새 가운데 잠수를 가장 잘해요. 주로 해안에서 잠수하며 사냥하는데, 물 아래 30미터까지 들어가 갈고리처럼 굽은 부리로 물고기를 잡아먹어요.

어린 새

여름깃

겨울깃

물닭 (뜸부기과)

Fulica atra

몸길이: 36~40cm
도래 시기: 1년 내내

물가에 살며 닭의 행동과 비슷해서 붙인 이름이에요. 온몸이 검은색에 부리와 이마는 흰색이며, 발가락들이 물갈퀴로 연결되지 않고 각각의 발가락에 막(판족)이 있는 것이 특징이에요. 저수지, 하천, 하구, 바위 해안에서 잠수하여 물풀, 식물의 연한 잎, 곤충, 어류 등을 먹고 살아요.

검은머리물떼새 (검은머리떼새과)

Haematopus ostralegus

몸길이: 45cm
도래 시기: 1년 내내

머리가 검은색이면서 물가에서 떼 지어 다니는 새라고 하여 붙인 이름이에요. 눈테와 홍채, 부리와 다리는 붉은색, 머리와 목, 등과 꽁지깃은 검은색이지요. 갯벌, 바위 해안에서 갯지렁이, 굴, 조개 등을 먹어요.

천연기념물, 해양보호생물, 멸종위기 야생생물 2급으로 우리 모두 보호해야 해요.

노랑발도요 (도요과)

Heteroscelus brevipes

몸길이: 24~26cm
도래 시기: 4~5월, 8~9월

다리와 발이 노란색이라서 붙인 이름이에요. 기다란 흰색 눈썹선이 뚜렷하고 가슴에 검은 빛을 띤 갈색 물결무늬가 특징이지요. 번식기에는 가슴과 목에 검은빛을 띤 갈색 줄무늬와 비늘 무늬가 있지만, 겨울에는 회색에 줄무늬가 없지요. 모래와 자갈이 섞여 있는 혼성 갯벌이나 바위 해안, 하구 등에서 곤충, 새우, 게, 갯지렁이 등을 잡아먹어요.

여름깃

꼬까도요 (도요과)

Arenaria interpres

몸길이: 22cm
도래 시기: 4~5월, 8~10월

깃털 무늬가 알록달록하게 곱게 만든 아이의 옷(꼬까)과 비슷하다고 하여 붙인 이름이에요. 부리와 다리가 짧아 통통하게 보이고, 목과 가슴에 검은색 띠가 특징이지요. 갯벌이나 바위 해안에서 작은 돌을 들추어 갯지렁이, 새우, 게, 굴 등을 먹어요.

어린 새

여름깃

괭이갈매기 (갈매기과)

Larus crassirostris

몸길이: 47~52cm
도래 시기: 1년 내내

울음소리가 고양이 울음소리와 비슷해서 붙인 이름이에요. 노란색 부리 끝에 붉은색과 검은색 띠가 있는 것이 특징이지요. 등은 진한 회색이고 날개 끝이 검은색이에요. 항구, 갯벌, 해안에서 물고기, 개구리, 곤충, 거미 등을 먹어요.

재갈매기 (갈매기과)

Larus argentatus

몸길이: 55~67cm
도래 시기: 9월~이듬해 4월

등과 날개가 회색(잿빛)이라 붙인 이름이에요. 부리는 노란색이며, 아랫부리에 붉은색 점이 특징이지요. 날개 끝은 검은색, 꽁지깃은 흰색이에요. 해안에서 죽은 동물, 다른 새의 알, 물고기, 게 등을 잡아먹어요.

해안 사구와
모래 갯벌

갯괴불주머니 (현호색과)

Corydalis platycarpa

높이: 40~60cm
관찰된 곳: 인천(영흥도), 경북(울릉도), 제주(표선, 한경)

　'괴불주머니'는 끈으로 매단 세모 모양의 어린아이 노리개를 가리키며, 바닷가에 살고 있어서 지은 이름이에요. 바닷가 모래땅이나 바위틈에서 자라지요. 줄기가 약간 어두운 붉은색을 띠고 있으며, 가지를 자르면 고약한 냄새가 나요. 4~5월에 노란색 꽃이 가지 끝에 달려요. 작지만 긴 열매가 달리며, 열매를 열어 보면 씨가 2줄로 배열되어 있어요.

꽃

번행초 (번행초과)

Tetragonia tetragonoides

높이: 40~80cm
관찰된 곳: 경북(울릉도, 독도, 경주, 영덕, 영일),
전남(신안, 흑산도, 홍도, 진도, 고흥, 여수, 광양),
울산(울주), 경남(남해, 사천, 통영), 제주(금녕,
함덕, 추자도, 마라도)

갯상추 또는 뉴질랜드의 시금치라고도 불리며, 한약재인 '번행'에서 따온 이름이에요. 바닷가 모래땅 또는 바위틈에서 줄기가 옆으로 퍼져 무리 지어 자라요. 잎이 도톰하고 매우 작은 돌기들이 빽빽하게 나 있어요. 4~5월에 노란색 꽃이 잎겨드랑이에서 피어요. 어린순을 먹기도 하고, 잎과 줄기는 약재로 사용해요.

꽃

177

쥐명아주 (명아주과)

Chenopodium glaucum

높이: 10~40cm
관찰된 곳: 인천(영흥도, 영종도, 강화도, 주문도), 충남(태안, 서산, 서천), 전남(진도, 해남) 경북(경주), 제주(성산)

명아주와 닮았지만 식물체가 명아주보다 작아서 쥐에 빗대어 지은 이름이라 '쥐명아주'라고도 해요. 바닷가, 강가 또는 밭 주변에서 자라요. 줄기에는 털이 없고 녹색과 검붉은색 세로줄 무늬가 있어요. 6~7월에 노란빛을 띤 초록색 꽃이 잎겨드랑이에서 피어요. 어린잎은 먹기도 해요.

꽃

호모초 (명아주과)

Corispermum stauntonii

높이: 10~50cm
관찰된 곳: 인천(무의도), 경기(화성), 강원(고성),
충남(태안), 전남(신안)

접착력 있는 물질을 뜻하는 '고무'를 한자로 표기한 이름이라고 해요. 바닷가 모래땅의
건조한 곳에서 자라지요. 줄기는 땅과 접하고 있는 부분에서 많이 갈라져 옆으로 자라요.
7~9월에 노란색을 띤 초록색 꽃이 잎겨드랑이에서 피어요. '푸른댑싸리'라고도 해요.

꽃

179

수송나물 (명아주과)

Salsola komarovi

높이: 10~40cm
관찰된 곳: 인천(백령도, 덕적도, 장봉도, 강화도, 영흥도), 경기(안산), 강원(동해), 충남(태안, 서천, 홍성, 당진, 서산), 전북(군산, 고창), 전남(신안, 진도, 영광), 경북(포항, 영덕, 경주), 제주(함덕, 표선, 애월, 금녕)

바닷가에서 자라는 '물소나무'라는 뜻이며, 잎이 소나무 잎을 닮아서 지은 이름이에요. 바닷가 모래땅의 건조한 곳에서 무리 지어 자라지요. 땅과 접하고 있는 부분에서 줄기가 많이 갈라져 옆으로 퍼져서 자라요. 잎은 자라면서 딱딱해지고 끝이 가시처럼 뾰족해져요. 7~8월에 초록색 꽃이 잎겨드랑이에서 피어요.

갯개미자리 (석죽과)

Spergularia marina

높이: 10~20cm
관찰된 곳: 인천(소래, 백령도, 석모도, 선재도, 영종도), 경기(시흥, 안산, 화성, 평택), 충남(당진, 서산, 태안, 보령, 서천), 전북(군산, 부안), 전남(무안, 신안, 영광, 강진, 장흥, 진도, 해남), 부산(사하), 제주(제주시, 서귀포, 조천, 성산)

'개미자리'는 길가 등 개미가 많은 곳에서 자라는 풀이며, 바닷가에서 자란다고 하여 지은 이름이에요. 바닷가 모래땅의 언덕이나 바위틈에서 자라요. 줄기는 땅과 접하고 있는 부분에서 많이 갈라져 옆으로 자라지요. 7~8월에 초록색을 띤 흰색 꽃이 잎겨드랑이에서 피어요. 심어 가꾸면서 나물로 먹기도 해요.

꽃

애기수영(마디풀과)

Rumex acetocella

높이: 20~50cm
관찰된 곳: 인천(백령도, 석모도), 경기(안산, 화성, 평택), 충남(서산), 전남(신안, 영광), 제주(성산)

'수영'은 줄기에서 신맛이 난다는 '승아'에서 비롯되었으며, 수영을 닮았고 크기가 작다는 뜻에서 지은 이름이에요. 바닷가 모래땅에서 무리 지어 자라며, 들이나 길가에서도 자라요. 외국에서 들어온 귀화식물이에요. 줄기가 똑바로 자라며 위아래로 붉은색을 띤 줄무늬가 있어요. 5~6월에 붉은색을 띤 꽃이 줄기를 따라 끝에서 많이 피어요.

꽃

갯무 (십자화과)

Raphanus sativus var. hortensis f. raphanistroides

높이: 30~50cm
관찰된 곳: 인천(백령도, 석모도), 경기(안산, 화성, 평택), 충남(서산), 전남(신안, 영광), 제주(성산)

'바닷가에 자라는 무'라는 뜻에서 지은 이름이에요. 바닷가 모래땅이나 바위틈에서 자라요. 사람들이 심어서 가꾸던 무가 자연으로 퍼져 자란 것이라고 해요. 무보다 뿌리가 가늘고 딱딱하지요. 줄기에서 가지가 많이 갈라지며, 꽃이 달리는 꽃대까지 1미터가량 자라기도 해요. 4~6월에 십자가 모양의 연한 보라색 꽃이 피어요.

꽃

열매

해당화 (장미과)

Rosa rugosa

높이: 100~200cm
관찰된 곳: 인천(백령도, 대청도, 덕적도, 이작도, 영흥도, 신도, 장봉도, 강화도), 경기(안산), 충남(태안), 강원(강릉, 고성), 전남(홍도)

바닷가에 자라서 붙인 이름이며 '때찔레'라고도 해요. 바닷가 모래 언덕에서 주로 자라며, 바다와 가까운 산비탈의 낮은 곳에서도 자라요. 키가 작은 나무로 가지에 가시가 있고, 잎 뒷면에는 털이 많이 나 있어요. 6~8월에 분홍색 또는 흰색 꽃이 피며, 8~9월에 진한 주황색 열매가 달려요.

열매

갯완두 (콩과)

Lathyrus japonicus

길이: 15~60cm
관찰된 곳: 인천(백령도, 덕적도, 강화도), 경기(화성, 안산), 충남(태안, 서산, 서천), 강원(강릉, 고성), 전북(부안), 전남(무안), 경북(경주, 울릉도), 제주(성산, 표선)

'완두'는 싹이 여리고 구불거리는 모양에서 붙인 이름이며, 바닷가에 자라는 완두라는 뜻이에요. 바닷가 모래땅에서 무리 지어 자라요. 작은 잎 8~12장이 깃털 모양으로 달려 하나의 잎을 이루어요. 줄기는 옆으로 뻗으면서 자라고, 5~9월에 보라색 꽃이 잎겨드랑이에서 피어요. 꼬투리 열매는 먹기도 하고, 잎과 줄기는 가축의 사료나 약재로 쓰이기도 해요.

꽃

꼬투리 열매

185

애기달맞이꽃(바늘꽃과)

Oenothera laciniata

높이: 20~60cm
관찰된 곳: 인천(백령도, 덕적도, 강화도), 경기(화성, 안산), 충남(태안, 서산, 서천), 강원(강릉, 고성), 전북(부안), 전남(무안), 경북(경주, 울릉도), 제주(성산, 표선)

'달맞이꽃'은 밤에 달을 맞이하며 꽃이 핀다는 뜻이며, 달맞이꽃보다 크기가 작아 지은 이름이에요. 바닷가 양지바른 모래 언덕에서 무리 지어 자라요. 줄기가 옆으로 뻗으면서 자라다가 위쪽으로 자라지요. 5~6월에 노란색 꽃이 피며, 시들면 주황색으로 바뀌어요.

꽃

흰대극 <small>(대극과)</small>

Euphorbia esula

높이: 20~40cm
관찰된 곳: 인천(무의도, 백령도), 강원(강릉), 제주(함덕)

'대극'은 뿌리의 쓴맛이 사람의 목을 찌를 정도라는 뜻이며, 식물체 전체가 흰색으로 보인다고 하여 지은 이름이에요. 바닷가 모래땅이나 바위틈에서 자라요. 한 뿌리에서 여러 개의 가지가 나오며, 자르면 흰색 액체가 흘러나와요. 6~7월에 줄기 끝에서 노란빛을 띤 초록색 꽃이 피어요.

꽃

갯사상자(미나리과)

Cnidium japonicum

높이: 10~40cm
관찰된 곳: 인천(영흥도, 장봉도, 강화도, 대청도), 전남(강진), 경북(울릉도), 제주(성산, 표선)

'사상자'는 이 식물이 자라는 곳에 뱀이 많고, 씨앗을 뱀이 먹는다는 뜻이며, 바닷가에서 자란다고 하여 지은 이름이에요. 바닷가 모래땅이나 바위틈에서 자라요. 뿌리에서 가지가 많이 갈라져 나와 비스듬히 자라지요. 8~9월에 흰색 꽃이 우산 모양으로 피어요. 선이 5~6줄 있는 둥근 모양의 열매를 맺어요.

열매

꽃

갯방풍(미나리과)

Glehnia littoralis

높이: 10~50cm
관찰된 곳: 인천(영흥도, 굴업도, 덕적도, 장봉도, 백령도, 강화도, 주문도), 강원(삼척, 고성), 충남(서산, 태안), 경북(포항)

'방풍'은 중풍(뇌의 혈관이 막히거나 터지는 병)을 막아 주는 작용을 한다는 뜻이며, 바닷가에서 자란다고 하여 지은 이름이에요. 바닷가 모래땅에서 드물게 자라요. 모래 속으로 굵은 뿌리를 내리면서 자라지요. 줄기는 뿌리 부근에서 갈라져 옆으로 뻗어요. 6~7월에 흰색 꽃이 우산 모양으로 피지요. 열매는 선이 여러 줄 있는 둥근 모양이며 털이 있어요.

열매

갯메꽃(메꽃과)

Calystegia soldanella

길이: 30∼80cm
관찰된 곳: 인천(덕적도, 이작도, 시도, 장봉도, 강화도, 영흥도), 경기(화성, 안산), 강원(강릉), 충남(서산, 태안), 전북(부안), 전남(영광, 신안), 경북(울릉도, 포항, 경주), 제주(성산, 서귀포, 마라도)

'메꽃'의 '메'는 땅속줄기를 먹을 수 있어 밥 대신 먹는다는 뜻이며, 바닷가에서 자란다고 하여 지은 이름이에요. 바닷가 모래땅에서 뿌리가 옆으로 뻗으면서 자라요. 잎은 둥근 심장 모양이에요. 5∼7월에 나팔 모양의 분홍색 꽃이 피어요. 열매에서 쥐똥처럼 생긴 검은색 씨가 나와 떨어져요.

꽃

모래지치 (지치과)

Tournefortia sibirica

높이: 20~40cm
관찰된 곳: 인천(덕적도, 영종도, 무의도, 백령도), 경기(화성), 충남(서산, 태안, 서천), 전북(부안, 고창), 전남(신안), 경북(울릉도, 경주), 제주(성산)

'지치'는 신령스러운 풀이라는 뜻이며, 바닷가 모래땅에서 자라는 지치라는 뜻에서 지은 이름이에요. 바닷가 모래땅에서 뿌리가 깊이 뻗으면서 자라요. 줄기는 한곳에서 여러 대가 나오며, 잎 양면에 매우 작은 털이 있어요. 5~6월에 줄기 끝에서 흰색 꽃이 여러 송이 피어요.

꽃

순비기나무 (마편초과)

Vitex rotundifolia

길이: 30~80cm
관찰된 곳: 인천(덕적도, 이작도, 시도, 장봉도, 강화도, 영흥도), 경기(화성, 안산), 강원(강릉), 충남(서산, 태안), 전북(부안), 전남(영광, 신안), 경북(울릉도, 포항, 경주), 제주(성산, 서귀포, 마라도)

제주도 사투리인 '숨비기낭'에서 비롯되었으며, 나무줄기가 모래땅에 숨어서 뻗어나가는 특성에서 지은 이름이에요. 바닷가 모래땅에서 널리 자라요. 낙엽이 지고 옆으로 길게 뻗어 자라는 나무예요. 나무 전체에 아주 작은 흰색 털이 많고, 잎이 서로 마주 보며 달려요. 7~9월에 줄기 끝에서 연한 보라색 꽃이 많이 피지요. 가을에 붉은색을 띤 검은색 열매가 달리며 아주 향기가 좋아요. 약재로도 쓰여요.

꽃

열매

참골무꽃 (꿀풀과)

Scutellaria strigillosa

높이: 10~40cm
관찰된 곳: 인천(덕적도, 선갑도, 연평도, 대청도, 덕적도, 무의도, 자월도, 영흥도, 볼음도), 경기(안산), 강원(강릉, 고성), 충남(서산, 태안), 전북(고창), 경북(울릉도), 제주(서귀포)

꽃과 열매 모양이 바느질할 때 손가락에 끼는 골무와 닮았다는 뜻에서 지은 이름이에요. 바닷가 모래땅에서 뿌리줄기가 옆으로 뻗으면서 자라요. 줄기는 네모지고 곧게 자라며 아주 작은 털로 덮여 있어요. 7~8월에 보라색 꽃이 잎겨드랑이에서 두 송이씩 피어요.

꽃

해란초 (현삼과)

Linaria japonica

높이: 20~40cm
관찰된 곳: 강원(강릉, 고성, 양양, 속초), 경북(영덕)

꽃 모양이 난초를 닮았고, 바닷가에 자라서 지은 이름이에요. 동해안 바닷가 모래땅에 모여서 가지가 많이 갈라지고 비스듬히 자라요. 잎이 도톰해요. 7~8월에 연한 노란색 꽃이 줄기 끝에서 모여 피어요.

갯씀바귀 (국화과)

Ixeris repens

길이: 30~50cm
관찰된 곳: 인천(영흥도, 덕적도, 무의도, 용유도), 경기(안산), 충남(서천), 전남(신안), 제주(성산, 추자도)

'씀바귀'는 쓴맛이 강하게 난다는 뜻이며, 바닷가에서 자라 지은 이름이에요. 바닷가 모래 땅에서 연약한 뿌리줄기가 옆으로 뻗으면서 자라요. 줄기에서 손바닥 모양의 잎이 나와요. 4~10월에 잎겨드랑이에서 노란색 꽃이 피어요. 줄기를 자르면 흰색 액체가 나와요. 식물 전체는 한약재로 쓰이고, 잎은 나물로 먹기도 해요.

꽃

통보리사초 (사초과)

Carex kobomugi

꽃대 높이: 15~25cm
관찰된 곳: 인천(덕적도, 무의도, 백령도, 장봉도, 볼음도), 충남(서천, 태안), 강원(강릉), 전북(부안, 고창), 경북(포항)

이삭 모양이 보리처럼 통째로 덩어리져 보이고 모래땅에서 자라는 풀이라는 뜻에서 지은 이름이에요. 바닷가 모래땅에서 굵은 뿌리가 옆으로 뻗으면서 넓게 무리 지어 자라요. 5~7월에 통 모양으로 꽃이 모여 피어요. 바닷가 모래 해안을 보존하는 데 중요한 역할을 해요.

꽃

좀보리사초 (사초과)

Carex pumila

꽃대 높이: 10~20cm
관찰된 곳: 인천(선갑도, 석모도, 대청도, 백령도),
충남(태안), 강원(동해), 전북(부안), 경북(포항)

이삭이 보리와 비슷하지만 조금 작고, 모래땅에 사는 풀이라는 뜻에서 지은 이름이에요.
바닷가 모래땅에서 뿌리줄기가 옆으로 뻗으면서 넓게 무리 지어 자라요. 6~7월에 꽃대 하나
에 위쪽에는 수꽃이, 아래쪽에는 암꽃이 따로 달려요. 통보리사초보다 이삭이 작은 편이에
요. 뿌리줄기가 바닷가 모래 해안을 보존하는 역할을 해요. 가축의 사료로 쓰이기도 해요.

수꽃

암꽃

갯잔디 (사초과)

Zoysia sinica

꽃대 높이: 10~25cm
관찰된 곳: 인천(강화도, 석모도, 영종도, 덕적도, 시도), 경기(안산, 화성), 충남(태안, 서천), 전북(부안, 고창), 전남(영광, 홍도, 보성), 경남(사천, 하동), 경북(경주, 포항), 제주(애월)

'잔디'는 키가 작은 띠 종류의 풀이라는 뜻이며, 바닷가에 자라서 지은 이름이에요. 바닷물의 영향을 직접 받는 염습지는 물론 모래땅에서도 무리 지어 자라요. 뿌리줄기는 옆으로 뻗으면서 자라고, 줄기는 위쪽으로 곧게 자라거나 비스듬히 자라지요. 6월에 꽃대가 나와 이삭이 달린 모양으로 꽃이 피어요.

꽃

선인장(선인장과)

Opuntia ficus-indica

높이: 100~200cm
관찰된 곳: 제주(한림, 마라도, 가파도, 우도), 부산(신자도)

신선(선인)의 손바닥(장)처럼 생겼다는 뜻에서 지은 이름이에요. 아메리카가 원산지이며 우리나라 남부지방 바닷가 모래땅에서 자라지요. 넓고 납작한 가지가 여러 개 연결되어 자라요. 가지는 긴 손바닥을 닮았으며, 두툼하고 가시가 나 있지요. 6~8월에 가지 가장자리에서 노란색 꽃이 피어요. 열매는 이듬해 3~5월에 붉은색으로 익으며, 겉에 털 같은 가시가 있어요. 관상용 또는 식용으로 재배해요.

꽃

댕가리 (갯고둥과)

Batillaria cumingii

패각: 높이 약 2~3cm, 너비 약 1.2cm
분포: 서해안, 남해안, 제주 해안

껍데기는 탑 모양이고, 원뿔 모양을 이루고 있어요. 나사 모양 층이 모두 11층으로 이루어 져 있지요. 몸체가 있는 입구는 좁고, 껍데기에 흰색 줄무늬가 5~6줄 있어요. 육지의 물이 흘러드는 곳에서 무리 지어 살지요. 예전에 공원에서 번데기와 함께 팔았어요. 껍데기의 뾰 족한 끝부분을 잘라 내어 입으로 쪽 빨아 빠져나온 속살을 먹거나 이쑤시개 등으로 속살 을 꺼내 먹었지요.

비단고둥_(밤고둥과)

Umbonium costatum

패각: 높이 약 2cm, 너비 약 3cm
분포: 충남, 전남, 경남, 강원, 제주도 해안

껍데기 색이 비단처럼 아름답다고 해서 붙인 이름이지요. 껍데기가 두툼하고 단단해요. 바둑알이나 살구씨 같은 둥글넓적한 원뿔 모양이며, 껍데기 위쪽이 누런빛을 띤 흰색, 아래쪽은 흰색과 분홍색을 띠고 있어요. 옅은 누런색 껍데기에 일정한 간격으로 갈색 점무늬가 배열되어 있어요. 나사 모양 층이 7층이고, 껍데기가 매끈한 편이에요.

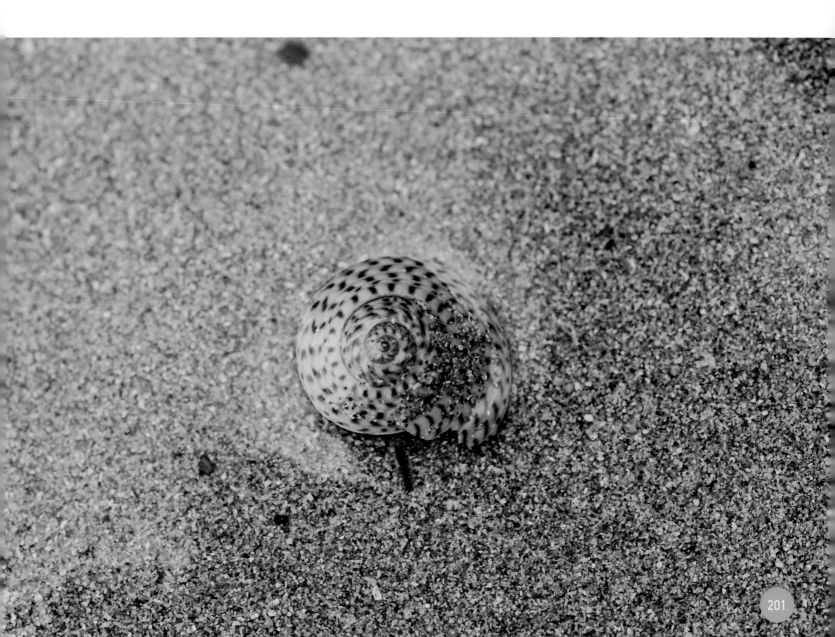

황해비단고둥 (밤고둥과)

Umbonium thomasi

패각: 높이 약 0.8cm, 너비 약 1.5cm
분포: 경기, 충남, 전남 해안

　누런빛을 띤 흰색 바탕에 물결무늬가 연속적으로 이어져 있어 아름다워요. '서해비단고둥'
이라고도 해요. 껍데기가 매끈하고 광택이 나며, 얇지만 단단해요. 회색 바탕에 짙은 회색
의 줄무늬가 있어요. 비단고둥과 비슷하게 생겼지만 크기가 더 작지요. 껍데기 안쪽은 강한
진줏빛을 띠어요.

큰구슬우렁이 (구슬우렁이과)

Neverita didyma

패각: 높이 약 3.3cm, 너비 약 7cm
분포: 우리나라 전 해안

흔히 '골뱅이'라고 불러요. 두껍고 단단한 껍데기는 높이가 우렁이보다 낮은 편이에요. 누런빛이나 붉은빛을 띤 갈색 껍데기는 광택이 나요. 나사 모양 층이 6층이지만, 맨 아래층이 대부분을 차지해요. 발을 넓게 펴서 조개 따위의 먹잇감을 뒤덮고, 작은 이빨들이 줄지어 늘어서 있어 마치 톱과 비슷한 줄 모양의 치설로 조개껍데기에 구멍을 뚫어 속살을 빨아 먹지요. 여름과 가을, 모래 갯벌 곳곳에 사발 모양의 알주머니를 낳아요. 모래만 있는 곳보다 모래에 펄이 섞인 곳을 더 좋아하지요.

개량조개 (개량조개과)

Mactra chinensis

패각: 길이 약 8cm, 높이 약 6cm
분포: 서해안, 남해안, 동해안

　해방 후 가난한 시기에 배고픔을 달래 주어 '해방조개'라고도 했대요. 지역에 따라 명주조개, 노랑조개, 무조개, 연평조개 등 부르는 이름도 많아요. 껍데기는 둥근 삼각 모양이며 얇아서 잘 부서지는 편이에요. 색은 갈색 또는 노란색이며, 세로로 짙은 황갈색 줄무늬가 있어요. 갯벌 아랫부분에서 주로 물이 맑은 곳의 고운 모래더미에 얕게 파고들어 살지요. 몸속에서 모래를 빼내는 데 2~3일 걸려요.

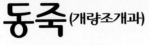

동죽 (개량조개과)

Mactra quadrangularis

패각: 길이 약 4.5cm, 높이 약 3cm
분포: 우리나라 전 해안

아주 많이 잡혀서 '또죽'이라고 했대요. 껍데기가 둥근 삼각 모양에 볼록하고 통통해요. 누런빛을 띤 연한 갈색 또는 회색빛을 띤 흰색, 그리고 사는 지역에 따라 검은색을 띠기도 하지요. 타원 모양의 구멍을 파고 무리 지어 살아요. 썰물 때 물을 빨아들이는 관을 갯벌 바깥에 내놓고 먹이 활동을 하는 모습을 종종 볼 수 있어요. 국물 요리에 즐겨 쓰이지요.

맛조개 (죽합과)

Solen corneus

패각: 길이 약 10~15cm, 너비 약 1.5cm
분포: 서해안, 남해안

생김새가 대나무 마디를 닮았다고 해서 '죽합'이라고도 하지요. '맛이 있어서 맛조개'라는 말도 있어요. 흔히 '맛'이라고도 해요. 껍데기는 녹색을 띤 갈색으로 대나무처럼 가늘고 길어요. 길쭉한 껍데기가 얇아서 잘 부서져요. 물이 마르면 껍데기 겉이 쉽게 벗겨져 안쪽의 흰색 껍데기가 드러나지요. 썰물 때 숨구멍을 찾아 그곳에 소금을 뿌린 뒤 속살이 구멍 밖으로 나오면 캐내요.

백합 (백합과)

Meretrix lusoria

패각: 길이 약 8.5cm, 높이 약 6.5cm
분포: 경기만의 여러 섬, 충남, 전남, 경남 해안

껍데기의 무늬가 다양하여 '100가지 무늬를 지녔다'고 해서 붙인 이름이에요. 조개 중에 최고 고급이라는 뜻에서 '상합'이라고도 하며, '조개의 여왕'으로 불리기도 해요. 껍데기는 둥근 삼각 모양에 어두운 갈색 또는 회색빛을 띤 흰색이지요. 매끈하고 광택이 나는 껍데기에 빗살무늬가 다양하게 있어요. '그레'라는 도구를 끌고 다니면서 '딸각' 걸리는 느낌으로 캐내요. 껍데기는 바둑돌을 만드는 데 쓰이지요.

빛조개 (자패과)

Nuttallia japonica

패각: 길이 약 5cm, 높이 약 4cm
분포: 서해안, 남해안

영어 이름은 껍데기의 빛이 마치 저녁노을처럼 아름답다고 해서 '선셋(sunset)' 조개라고 해요. 타원 모양으로 얇고 납작한 껍데기는 반들반들 광택이 나요. 붉은빛을 띤 갈색, 누런빛을 띤 갈색, 검은빛을 띤 갈색이지요. 수심이 얕은 갯벌 아랫부분에서 보통 20센티미터 깊이의 모래 속에서 살아요.

주꾸미 (문어과)

Amphioctopus fangsiao

몸길이: 약 20~30cm
분포: 서해안, 남해안

'금테문어'라고도 해요. 눈 아래 세 번째 다리 부분에 황금색 고리 무늬가 있어요. 낙지와 비슷하지만 크기가 작아요. 몸 색은 회색빛이 도는 자주색, 누런빛을 띤 갈색, 검은빛을 띤 갈색 따위로 변화가 심하지요. 몸통은 타원형의 주머니 모양이에요. 길이가 거의 비슷한 다리 길이는 몸통의 2.5~3배예요. 밤에 활동하고, 어두운 곳을 좋아해요. 이 성질을 이용하여 피뿔고둥의 껍데기를 줄에 묶어 바다 밑에 가라앉혀 잡기도 하지요.

황금색 고리 무늬

개불 (개불과)

Urechis unicinctus

몸길이: 약 15cm
분포: 서해 중부 이하, 남해, 동해 남부

개의 불알을 닮았다고 해서 붙인 이름이에요. 몸은 원기둥 모양으로 누런빛을 띤 갈색이지요. 주둥이는 원뿔 모양으로 납작해요. 몸이 부드럽고 연해서 오므렸다 늘였다 할 수 있어요. 피부에 아주 작은 돌기들이 돋아 있지요. 모래진흙 바닥에 U 자 모양의 구멍을 파고 살아요. 구멍 안에는 작은 게, 조개 등이 함께 살지요. 이 친구를 보려면 썰물 때 구멍에 도넛 모양의 모래가 솟아 있는 곳을 살피면 되어요. 회로 먹기도 하는데 오돌오돌 씹히고 맛이 달짝지근해요.

검은띠불가사리 (검은띠불가사리과)

Luidia quinaria von

몸길이: 약 8~13.5cm
분포: 우리나라 전 해안

불가사리라는 이름은 쇠를 먹는다는 상상의 동물로, 죽일 수 없다는 뜻의 '불가살이(不可殺伊)'가 변한 것이라고 해요. 팔을 아무리 잘라도 다시 돋아나 이에 빗대어 붙인 이름이지요. 몸통에서 팔 끝까지 검은색 띠가 이어져 있어요. 몸통은 누런빛을 띤 갈색 또는 옅은 회색을 띠어요. 팔은 길고 편평하고 부드러워요. 보통 등 쪽에 가시가 있지만, 촉감은 매끈한 편이에요. 양식장의 굴, 전복, 조개 등을 잡아먹어요.

별불가사리 (불가사리과)

Patiria pectinifera

몸길이: 약 3~7.5cm
분포: 우리나라 전 해안

생김새가 별 모양이라서 '바다의 별'이라고도 해요. 몸은 유자 껍질처럼 표면이 거칠고, 보통 짙은 남색 바탕에 붉은색 또는 주황색, 노란색의 무늬가 불규칙하게 있어요. 누각(문과 벽 없이 다락처럼 높이 지은 집)의 지붕처럼 보이며, 가운데에 선명한 붉은색 점들이 흩어져 있어요. 팔은 보통 5개이지만 4~6개가 있는 것도 있지요. 속도가 느리고 힘이 약해서 죽어 가는 생물이나 죽은 생물을 먹어요. 이러한 먹이 습성으로 바닷물의 오염을 막기도 하지요. 우리나라에 사는 불가사리 종류 가운데 가장 흔해요.

아무르불가사리 (불가사리과)

Asterias amurensis

몸길이: 약 30cm(최대), 팔길이 약 9cm
분포: 우리나라 전 해안

러시아 '아무르' 지역이 고향이라서 붙인 이름이에요. 몸은 등 쪽의 연한 노란색 바탕에 보라색 무늬가 있거나 전체가 연한 노란색이고, 팔 끝에 보라색 무늬가 있어요. 몸의 색깔 변화가 심하지요. 팔이 5개로 팔 끝에서 몸통 쪽으로 갈수록 폭이 넓어지고 두툼해져요. 전복, 홍합, 조개 등의 양식장에 큰 피해를 주어서 '해적생물'이라고 해요. 먹이가 부족할 때는 서로 잡아먹기도 하지요.

아무르불가사리 (불가사리과)

하드윅분지성게 (분지성게과)

Temnopleurus hardwickii

몸길이: 지름 약 2~4cm
분포: 우리나라 전 해안

　가시를 제거한 몸통은 연한 분홍색이고, 공을 반으로 자른 모양이에요. 세로로 연한 흑갈색 띠가 있어요. 옅은 갈색인 큰 가시 끝은 뭉툭한 편이며, 큰 가시들 사이에 몸통 길이의 약 4분의 1 이하의 자잘한 가시들이 빼곡해요. 가시에 강한 독성이 있어 조심해야 해요. 몸통에 조개껍데기를 붙여서 위장하기도 하지요.

바다선인장 (바다선인장과)

Cavernularia obesa

몸길이: 약 10cm
분포: 경기만, 충남, 전북, 남해

물속에서 보면 온몸에 폴립이 나와 있어 마치 가시가 돋아난 선인장처럼 생겼어요. 뿌리 부분으로 몸을 고정하고, 줄기 부분에 많은 폴립이 있어요. 곤봉 모양이며 주황색을 띠어요. 물을 이용해 말랑말랑한 몸을 부풀리거나 줄이면서 움직이지요. 몸통의 뿌리 부분으로 갯벌을 파고 들어가 몸을 세우고 물속에서 폴립으로 먹이 활동을 해요. 밤에 건드리면 형광의 초록빛을 내는 것을 볼 수 있어요.

*폴립: 산호, 말미잘, 해파리 따위처럼 몸은 원기둥 모양이며 위쪽 끝에 입이 있고, 그 주위에 몇 개의 촉수가 있는 기관이에요.

그물무늬금게 (금게과)

Matuta planipes

등딱지: 길이 약 3.2cm, 너비 약 3.5cm
분포: 서해안, 남해안

등딱지에 마치 자줏빛 그물 무늬가 있어서 붙인 이름이에요. 몸 색은 푸른빛을 띤 노란색이에요. 등딱지의 생김새가 둥근 원 모양이고, 양쪽 가장자리에 날카로운 가시가 하나씩 돋아 있어요. 뒤쪽으로 갈수록 그물 무늬가 커져요. 행동이 느리지만 '노'처럼 생긴 걷는다리로 헤엄칠 수도 있어요.

길게 (칠게과)

Macrophthalmus abbreviatus

등딱지: 길이 약 1.5cm, 너비 약 3.2cm
분포: 우리나라 전 해안

등딱지의 너비가 길이의 2배 이상 길어서 붙인 이름이에요. 등딱지가 길쭉한 사각형이에요. 양쪽 집게다리는 대칭으로 붉은빛을 띤 짙은 갈색이지요. 암컷 집게다리보다 수컷 집게다리가 더 크고 모양도 달라요. 가운데에 가로로 혹이 10~12개 있지요. 걷는다리 긴 마디에 억센 털이 있어요. 눈자루가 하얗고 길어요.

달랑게 (달랑게과)

Ocypode stimpsoni

등딱지: 길이 약 1.8cm, 너비 약 2.1cm
분포: 우리나라 전 해안

집게다리를 달랑달랑 흔드는 모습에서 이름을 붙였어요. 야행성으로 한밤중에 모래 위를 스르르 움직이는 모습에서 '유령게'라고도 해요. 등딱지는 모가 뚜렷한 정사각형이고, 집게 다리는 비대칭으로 어느 한쪽이 더 커요. 눈자루가 짧고 몸집에 비해 눈이 커다랗지요. 육 지와 가까운 갯벌에서 수직으로 50~70센티미터의 구멍을 파고 살아요. 예민하고 매우 빨 라서 달리기 선수라고 해요. 먹이 활동 후 엽낭게보다 모래 알갱이를 크게 만들어요.

엽낭게 (콩게과)

Scopimera globosa

등딱지: 길이 약 0.8~1.1cm, 너비 약 1.1~1.4cm
분포: 서해안, 남해안

모래와 모래 사이의 작은 먹잇감을 걸러 먹고 경단(동그랗게 빚은 떡)이나 염주 알처럼 모래 뭉치를 만들어 내뱉어서 붙인 이름이에요. 등딱지는 둥그스름한 사다리꼴로 콩알 모양이지요. 모래밭에서 수직으로 구멍을 파고 살아요. 몸 색은 모래색을 띠지만 햇빛에 오래 있으면 잿빛 모래색으로 변하기도 해요. 걷는다리들에 뻣뻣한 털이 있어요. 썰물 때에는 엽낭게의 먹이 활동으로 갯벌 표면이 온통 모래 알갱이 뭉치로 뒤덮여요. 덕분에 모래밭이 깨끗해져요.

속살이게류 (속살이게과)

Pinnotheres

등딱지: 길이와·너비 약 0.5~1cm 안팎
분포: 서해안, 남해안

스스로 살지 못하고 다른 생물(조개, 굴, 해삼, 물고기 등)의 집이나 몸속에 의지하여 살아서 붙인 이름이에요. 기생하는 것이지요. 껍데기는 대부분 둥글고 말랑말랑한 편이에요. 집게 다리가 없기도 해요. 눈구멍과 눈은 퇴화되었어요. 보통 속살이게의 암컷은 더부살이하는 개체 밖으로 나오지 않고, 수컷이 짝짓기 때 암컷을 찾아간다고 해요.

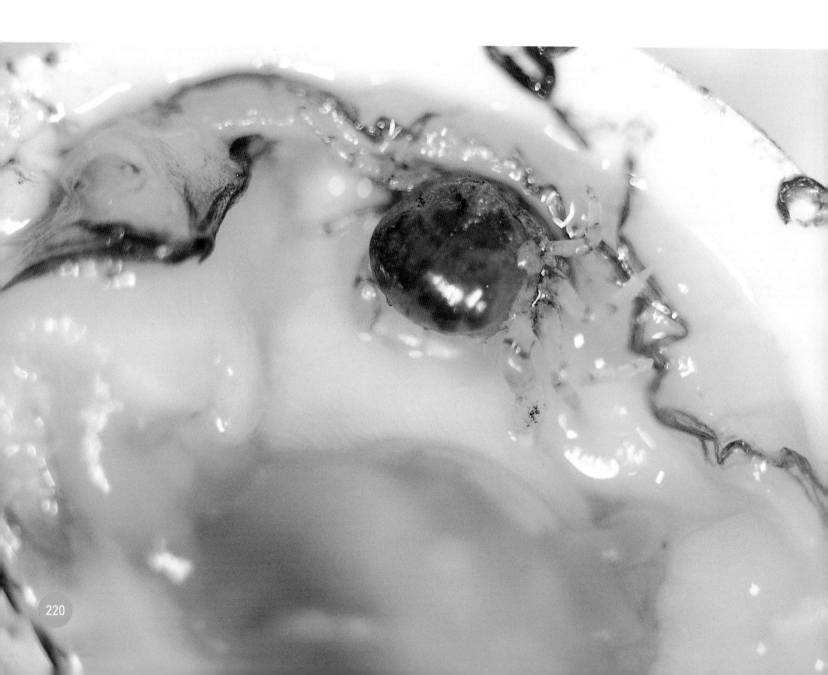

갯가재 (갯가재과)

Oratosquilla oratoria

몸길이: 약 14cm
분포: 우리나라 전 해안

영어권에서는 '사마귀 새우'라고도 해요. 가슴다리 5쌍 중에 제2가슴다리(큰 집게다리)로 먹이를 잡아요. 마치 사마귀가 먹잇감을 잡을 때 쓰는 커다란 앞발을 닮았지요. 접었다 펴는 속도가 빨라서 먹이를 사냥하는 능력이 뛰어나요. 몸은 옅은 갈색이며 등 쪽에 붉은색 줄이 4줄 있어요. 밤에 활동하고, 낮에는 구멍 속에서 숨어 지내요. 새우를 주로 잡아먹으며 자기 영역에 들어오는 생물을 무자비하게 잡아먹어 '갯벌의 무법자'라고도 해요.

쏙붙이 (쏙붙이과)
Neotrypaea japonica

몸길이: 약 3~5cm
분포: 서해안, 남해안, 제주도 해안

새우처럼 생겼어요. 껍데기가 우윳빛처럼 불투명한 흰색이라 몸속의 내장이 보여요. 붉은색 내장이 연한 노란색으로도 보이지요. 집게다리는 비대칭으로 한쪽이 크며, 표면이 매끈하고 광택이 나지요. 썰물 때는 쏙붙이가 지나간 자국을 볼 수 있어요. 깊이 30~50센티미터로 구멍을 파고 살면서 바닷물이 들어오면 밖으로 나와서 활동하지요.

자주새우 (자주새우과)

Crangon affinis

몸길이: 약 4~5cm
분포: 충남, 경남 해안

검은빛을 띤 갈색 점들이 몸 전체에 흩어져 있어 모래색과 비슷한 색을 띠지요. 등딱지는 매끈하고, 머리가슴이 납작해요. 등 쪽 위와 좌우 양쪽에 가시가 하나씩 있어요. 모래와 비슷한 색으로 위장하고 있어서 자세히 관찰해야 보여요. 위험에 놓이면 재빠르게 움직여 모래 속으로 숨어요.

거머리말(거머리말과)

Zostera marina

잎 길이: 50~100cm
관찰된 곳: 인천(영흥도, 이작도, 덕적도, 백령도),
충남(당진), 경남(통영), 제주(구좌)

잎이 길어 마치 거머쥐듯 한다는 뜻이며, 바다풀이라는 뜻의 '말'을 붙인 이름이지요. 강 어귀나 바닷가의 얕은 물속에서 뿌리줄기가 굵고 길게 옆으로 뻗으면서 자라요. 잎만 달리는 줄기와 꽃과 잎이 같이 달리는 가지가 나와요. 잎에는 기다란 세로줄이 5~7줄 있어요. 4~8월에 바닷물 속에서 초록색 꽃이 피고, 길게 생긴 열매에 씨앗이 들어 있어요. 거머리말이 자라는 곳은 물고기가 알을 낳고, 새끼가 이곳에서 몸을 숨기며 자라는 중요한 장소예요. 바닷물을 깨끗하게 하는 데에도 뛰어나 해양보호생물로 지정하여 보호, 관리하고 있어요.

열매와 씨앗

댕기물떼새 (물떼새과)

Vanellus vanellus

몸길이: 28~31cm
도래 시기: 11월~이듬해 3월

머리에 댕기처럼 길게 뻗은 댕기 깃이 있어서 붙인 이름이에요. 목에 넓은 검은색 띠가 있고, 몸 윗면은 광택이 나는 진한 녹색이 특징이지요. 모래 갯벌에 가만히 서 있다가 곤충, 갯지렁이, 조개 등이 보이면 재빨리 달려가 잡아먹어요.

겨울깃

흰목물떼새 (물떼새과)

Charadrius placidus

몸길이: 19~21cm
도래 시기: 1년 내내

목의 검은색 띠가 가늘고 흰색 부분이 굵어서 붙인 이름이에요. 꼬마물떼새보다 몸집이 크고, 부리가 길며 노란색 눈테가 흐릿한 것이 특징이지요. 자갈과 모래가 많은 곳을 좋아하며 모래 갯벌에서 곤충, 갯지렁이, 작은 물고기 등을 먹어요.

멸종위기 야생생물 2급으로 우리 모두 보호해야 해요.

겨울깃

226

꼬마물떼새 (물떼새과)

Charadrius dubius

몸길이: 14~16cm
도래 시기: 3~9월

물가에 떼 지어 사는 새 중에 가장 작아서 붙인 이름이에요. 노란색 눈테가 뚜렷하고, 눈 주위가 짙은 검은색이며 목에 굵은 검은색 띠가 특징이에요. 모랫바닥을 좋아하며 갯지렁이, 파리, 모기 같은 작은 벌레를 잡아먹어요.

여름깃

흰물떼새 (물떼새과)

Charadrius alexandrinus

몸길이: 15~17cm
도래 시기: 3~11월

물떼새류 중에 흰색을 많이 띠어서 붙인 이름이에요. 머리 위가 밤색이며 뚜렷한 흰색 눈썹선이 특징이지요. 가슴 옆의 검은색 무늬가 앞가슴까지 이어지지 않아요. 갯벌과 모래 해안에서 빨리 걸어가다가 갑자기 멈추어 곤충, 갯지렁이, 새우, 게 등을 잡아먹어요. 모래땅을 오목하게 파고 알을 낳아요.

여름깃

228

왕눈물떼새 (물떼새과)

Charadrius mongolus

몸길이: 18~21cm
도래 시기: 4~5월, 7~11월

번식기에 검은색 눈선이 두툼하여 눈이 크고 뚜렷하게 보여 붙인 이름이에요. 부리는 짧고 검은색이며, 등과 날개는 어두운 회갈색으로 갯벌과 비슷한 보호색을 띠고 있어요. 어린 새는 어미새의 겨울깃과 비슷하지만, 몸 윗면에 비늘무늬가 있고 가슴과 얼굴에 누런빛을 띤 갈색이 감돌아요. 해안 사구, 갯벌, 염전, 등지에서 주로 갯지렁이를 먹고 살아요.

어린 새

겨울깃

개꿩 (물떼새과)

Pluvialis squatarola

몸길이: 27~31cm
도래 시기: 8월~이듬해 5월

갯가에 살며, 생김새가 꿩과 비슷하여 붙인 이름이에요. 몸집에 비해 눈이 크고 갯벌을 걷다가 멈춰서 오랫동안 가만히 서 있는 것이 특징이지요. 어린 새는 어미새의 겨울깃과 비슷하지만 몸 윗면의 검은색과 흰색 얼룩점이 더 크고 뚜렷해요. 갯지렁이, 새우, 조개를 잡아먹어요.

어린 새

여름깃

세가락도요 (도요과)

Calidris alba

몸길이: 20~21cm
도래 시기: 8월~이듬해 5월

뒷발가락이 없이 발가락이 세 개라서 붙인 이름이에요. 번식기(여름철)에는 얼굴과 가슴이 붉은빛을 띤 갈색으로 바뀌지요. 부리와 다리는 검은색을 띠어요. 어린 새는 몸 윗면에 흰색과 검은색 무늬가 흩어져 있고, 아랫면은 흰색이에요. 모래 갯벌, 바위 해안에서 빠르게 뛰어다니며 조개, 새우, 게, 갯지렁이, 곤충 등을 잡아먹어요.

어린 새

겨울 깃

좀도요 (도요과)

Calidris ruficollis

몸길이: 13〜16cm
도래 시기: 4〜5월, 8〜10월

'좀'은 작다는 뜻으로, 도요 무리 중에서 크기가 가장 작아서 붙인 이름이에요. 목, 가슴과 등은 붉은빛을 띤 갈색이며, 부지런히 걸어 다니면서 먹이를 찾는 것이 특징이지요. 해안 모래톱, 하구에서 무리를 이루어 조개, 게, 가재, 갯지렁이를 잡아먹어요.

어린 새

여름깃

민물도요 (도요과)

Calidris alpina

몸길이: 17~21cm
도래 시기: 1년 내내

이름은 민물에서 사는 도요라는 뜻이지만 바닷가 갯벌에서 살아요. 검은색 부리는 길고, 끝부분만 아래로 조금 휘어졌어요. 여럿이 무리 지어 물 위에서 오르내리며 날아다녀요. 여름깃은 배의 커다란 검은색 얼룩점이 특징이며, 몸 윗면은 붉은빛과 검은빛을 띤 갈색 점들이 흩어져 있어요. 갯벌 위를 걸어 다니면서 갯지렁이와 게, 새우를 잡아먹고 풀씨나 물고기도 먹어요.

겨울깃으로 깃갈이 중

여름깃

233

붉은부리갈매기 (갈매기과)

Larus ridibundus

몸길이: 34~43cm
도래 시기: 8월~이듬해 5월

부리가 붉은색을 띠어서 붙인 이름이에요. 다리도 붉은색을 띠지요. 번식기에는 머리가 검은빛을 띤 짙은 갈색으로 바뀌어요. 하구, 하천, 물이 빠진 갯벌에서 어류, 새우, 게, 지렁이, 수서곤충 등을 잡아먹어요.

겨울깃

234

쇠제비갈매기 (갈매기과)

Sterna albifrons

몸길이: 22~28cm
도래 시기: 4~9월

'쇠'는 작다는 뜻으로, 우리나라에서 관찰되는 제비갈매기 종류 가운데 가장 작아서 붙인 이름이에요. 노란색 부리는 뾰족하고 끝이 검은색이에요. 이마는 흰색, 기다랗고 뾰족한 꽁지깃이 제비를 닮은 것이 특징이에요. 물 위를 날아다니다가 허공에서 정지 비행 후 다이빙해 사냥해요. 호수, 해안가, 모래 갯벌에서 게, 새우, 곤충, 물고기 등을 잡아먹어요.

멸종위기 야생생물 2급으로 우리 모두 보호해야 해요.

여름깃

제비갈매기 (갈매기과)

Sterna hirundo

몸길이: 33~37cm
도래 시기: 4~5월, 8~9월

제비처럼 빠르고 꽁지깃이 제비처럼 두 가닥으로 길게 뻗어 있어 붙인 이름이에요. 부리와 머리가 검은색이며, 물 위를 천천히 날아다니다가 먹잇감을 보면 다이빙하듯 뛰어들어 잡는 특징이 있어요. 호수, 늪, 모래 갯벌에서 게, 새우, 작은 물고기, 딱정벌레, 잠자리 등을 잡아먹고, 모래나 말뚝 위에 앉아 쉬면서 날개깃을 다듬어요.

여름깃

알락할미새 (할미새과)

Motacilla alba

몸길이: 17~19cm
도래 시기: 3~10월

머리 몸에 흰색과 검은색이 섞여 알락달락해서 붙인 이름이에요. '할미'는 꼬리를 위아래로 까딱까딱 흔드는 습성에서 붙인 이름이라고 해요. 꽁지를 위아래로 흔들면서 빠르게 뛰어다니는 특징이 있어요. 가슴에 넓은 검은색 무늬가 하트 모양을 닮았어요. 하천, 염습지, 모래 갯벌에서 곤충과 거미 등을 잡아먹어요.

*아종(亞種, subspecies): 같은 종 안에서 지역이나 환경에 따라 조금씩 특징이 다른 무리를 말해요. 쉽게 말하면, 같은 가족(종) 안에서 서로 닮았지만 조금씩 다른 형제들(아종)이지요.

여름깃

알락할미새의 아종 백할미새

찾아보기

염습지와 펄 갯벌 생물은 황갈색, 혼성 갯벌 생물은 주황색, 바위 해안 생물은 초록색,
해안 사구와 모래 갯벌 생물은 **보라색**으로 표시했습니다.

심현보

인천과학예술영재학교 교장을 거쳐서 현재 인천남부교육지원청 교육장으로 근무하고 있습니다. 소래포구 염습지에서 염생식물을 공부하면서 한국의 해안식물 분류로 박사학위를 받았습니다. 인천바다학교 교장으로 염습지와 해안 사구 식물들을 알리며 학생들과 섬을 찾아가 해양에 대한 소양을 높이기 위한 활동을 하고 있습니다.

지은 책으로는 《한국의 해안식물》(환경부 국립생물자원관)이 있습니다. 함께 지은 책으로는 《인천섬연구총서1 백령도》, 《인천섬연구총서2 대청도》, 《인천섬 연구총서3 대이작도·소이작도》, 《인천섬연구총서4 연평도·소연평도》 등이 있습니다.

과학교육 활성화와 해양 교육에 기여한 공로로 〈2007년 올해의 과학교사상〉(과학기술정보통신부 장관 표창)과 〈제43회 스승의날 기념 대통령 표창〉(교육부)을 수상하였습니다.

정재흠

인천에 있는 인성여자중학교에서 과학을 가르치고 있습니다. 전공 분야에 대한 더 깊이 있는 탐구와 전문성을 갖춘 교육자가 되기 위해 동물생태학으로 박사학위를 취득하고 연구와 교육 활동에 전념하고 있습니다. 최근에는 해양 환경 교육에 관심을 가지고 기후변화와 함께 변해 가는 바닷속 모습을 수중 촬영으로 기록하고 있습니다.

2001년부터 환경부 겨울철 동시 센서스 전문조사원으로 활동하며 우리나라 철새와 서식지 보호에 사용되는 귀중한 연구자료집 제작에 꾸준히 참여하고 있으며 바닷새 혼획 실태조사(해양환경관리공단), 전국자연환경조사(국립생태원), 기후변화에 따른 물새 개체군 장기 변화 연구(국가철새연구센터) 등 다양한 국가연구프로젝트에 참여하고 있습니다.

함께 지은 책으로는 《인간과 해양 길라잡이》, 《옹진 섬마을 역사 문화 이야기 북도면》 등이 있습니다.

과학 및 환경교육 분야의 교육 발전에 기여한 공로로 〈2020 부총리 겸 교육부 장관 표창〉(환경 및 지속가능발전 교육 분야), 〈2021년 올해의 과학교사상〉(과학기술정보통신부 장관 표창)을 수상하였습니다.

이학곤

인천예송초등학교 교장으로 근무하고 있습니다. 학생들에게 갯벌을 가르칠 자료나 교재가 부족한 점을 느껴서 대학원을 다니며 우리나라 여러 곳의 갯벌을 찾아서 공부했습니다.

지은 책으로는 《갯벌환경과 생물》(문화관광부 우수도서 선정), 《갯벌 우리 집이 좋아!》(환경부 우수환경 도서 선정), 《댕글댕글~ 갯벌에 사는 친구들》, 《갯벌 환경교육의 실제》, 《갯벌 끈끈한 내 친구야》 등이 있습니다.

함께 지은 책으로는 해양수산부에서 펴낸 《놀며 배우는 바다의 세계》, 《바닷가에 가 보아요》, 국토해양부에서 펴낸 《갯벌의 이해와 교육》, 시화호 생명지킴이에서 펴낸 《연우와 함께하는 습지 이야기》 등이 있습니다.

해양 교육 발전에 기여한 공로로 〈제16회 장보고 대상〉(국무총리상, 해양수산부 주관)을 수상하였습니다.